U0167842

"新工程管理"系列丛书

装配式建造技术扩散机制与治理策略研究

窦玉丹　薛小龙　王玉娜　著

中国建筑工业出版社

图书在版编目（CIP）数据

装配式建造技术扩散机制与治理策略研究 / 窦玉丹，
薛小龙，王玉娜著. — 北京：中国建筑工业出版社，
2023.5（2024.6重印）
（"新工程管理"系列丛书）
ISBN 978-7-112-28543-3

Ⅰ.①装… Ⅱ.①窦… ②薛… ③王… Ⅲ.①装配式
构件-建筑施工 Ⅳ.①TU3

中国国家版本馆 CIP 数据核字（2023）第 056004 号

本书以装配式建造技术为研究对象，基于技术扩散理论、博弈论与复杂网络理论，系统揭示装配式建造技术扩散的要素驱动机制、主体决策机制及网络演化机制，解决了装配式建造技术扩散发生动因、微观机理及宏观演化的关键问题，并提出装配式建造技术扩散机制与治理策略建议，为装配式建造技术的推广应用提供科学依据，并对推动装配式建筑的发展产生积极作用。本书可供政府机构相关部门、建筑企业管理人员、相关政策研究机构、高校相关专业师生研究参考。

责任编辑：赵晓菲　张磊　曾威
责任校对：姜小莲

"新工程管理"系列丛书

装配式建造技术扩散机制与治理策略研究

窦玉丹　薛小龙　王玉娜　著

*

中国建筑工业出版社出版、发行（北京海淀三里河路9号）

各地新华书店、建筑书店经销

北京科地亚盟排版公司制版

建工社（河北）印刷有限公司印刷

*

开本：787 毫米×1092 毫米　1/16　印张：12¾　字数：239 千字
2023 年 6 月第一版　　2024 年 6 月第二次印刷
定价：**58.00** 元
ISBN 978-7-112-28543-3
（40990）

"新工程管理" 系列丛书

顾问委员会 （按姓氏笔画排序）

丁烈云　刘加平　陈晓红　肖绪文　杜彦良　周福霖

指导委员会 （按姓氏笔画排序）

王要武　王元丰　王红卫　毛志兵　方东平　申立银　乐　云　成　虎
朱永灵　刘晓君　刘伊生　李秋胜　李启明　沈岐平　陈勇强　尚春明
骆汉宾　盛昭瀚　曾赛星

编写委员会 （按姓氏笔画排序）

主任　薛小龙
副主任　王学通　王宪章　王长军　邓铁新　兰　峰　卢伟倬（Weizhuo Lu）
孙喜亮　孙　峻　孙成双　关　军　刘俊颖　刘　洁　闫　辉　李小冬
李永奎　李　迁　李玉龙　吴昌质　杨　静（Rebecca Yang）　杨洪涛
张晶波　张晓玲（Xiaoling Zhang）　张劲文　张静晓　林　翰　周　红
周　迎　范　磊　赵泽斌　姜韶华　洪竞科　骆晓伟（Xiaowei Luo）
袁竞峰　袁红平　高星林　郭红领　彭　毅　满庆鹏　樊宏钦（Hongqin Fan）
委员　丛书中各分册作者

工作委员会 （按姓氏笔画排序）

主任：王玉娜　薛维锐
委员：于　涛　及炜煜　王泽宇　王　亮　王悦人　王璐琪　冯凯伦　朱　慧
宋向南　张元新　张鸣功　张瑞雪　宫再静　琚倩茜　窦玉丹　廖龙辉

丛书编写委员会主任委员与副主任委员所在单位（按单位名称笔画排序）

广州大学管理学院

大连理工大学建设管理系

天津大学管理与经济学部

中央财经大学管理科学与工程学院

中国建筑集团有限公司科技与设计管理部

中国建筑国际集团有限公司建筑科技研究院

中国建筑（南洋）发展有限公司工程技术中心

长安大学经济与管理学院

东北林业大学土木工程学院

东南大学土木工程学院

北京交通大学土木建筑工程学院

北京建筑大学城市经济与管理学院

北京中建建筑科学研究院有限公司

西安建筑科技大学管理学院

同济大学经济与管理学院

华中科技大学土木与水利工程学院

华东理工大学商学院

华南理工大学土木与交通学院

南京大学工程管理学院

南京审计大学信息工程学院

哈尔滨工业大学土木工程学院、经济与管理学院

香港城市大学建筑学与土木工程学系

香港理工大学建筑及房地产学系

重庆大学管理科学与房地产学院

浙江财经大学公共管理学院

清华大学土木水利学院

厦门大学建筑与土木工程学院

港珠澳大桥管理局

瑞典于默奥大学建筑能源系

澳大利亚皇家墨尔本理工大学建设、房地产与项目管理学院

"新工程管理"系列丛书总序

立足中国工程实践，创新工程管理理论

工程建设是人类经济社会发展的基础性、保障性建设活动。工程管理贯穿工程决策、规划、设计、建造与运营的全生命周期，是实现工程建设目标过程中最基本、普遍存在的资源配置与优化利用活动。人工智能、大数据、物联网、云计算、区块链等新一代信息技术的快速发展，促进了社会经济各领域的深刻变革，正在颠覆产业的形态、分工和组织模式，重构人们的生活、学习和思维方式。人类社会正迈入数字经济与人工智能时代，新技术在不断颠覆传统的发展模式，催生新的发展需求的同时，也增加了社会经济发展环境的复杂性与不确定性。作为为社会经济发展提供支撑保障物质环境的工程实践也正在面临社会发展和新技术创新所带来的智能、绿色、安全、可持续、高质量发展的新需求与新挑战。工程实践环境的新变化为工程管理理论的创新发展提供了丰富的土壤，同时也期待新工程管理理论与方法的指导。

工程管理涉及工程技术、信息科学、心理学、社会学等多个学科领域，从学科归属上，一般将其归属于管理学学科范畴。进入数字经济与人工智能时代，管理科学的研究范式呈现几个趋势：一是从静态研究（输入-过程-输出）向动态研究（输入-中介因素-输出-输入）的转变；二是由理论分析与数理建模研究范式向实验研究范式的转变；三是以管理流程为主的线性研究范式向以数据为中心的网络化范式的转变；主要特征表现为：数据与模型、因果关系与关联关系综合集成的双驱动研究机制、抽样研究向全样本转换的大数据全景式研究机制、长周期纵贯研究机制等新研究范式的充分应用。

总结工程管理近 40 年的发展历程，可以看出，工程管理的研究对象、时间范畴、管理层级、管理环境等正在发生明显变化。工程管理的研究对象从工程项目开始向工程系统（基础设施系统、城市系统、建成环境系统）转变，时间范畴从工程建设单阶段向工程系统全生命周期转变，管理层级从微观个体行为向中观、宏观系统行为转变，管理环境由物理环境（Physical System）向信息物理环

境（Cyber-Physical System）、信息物理社会环境（Cyber-Physical Society）转变。这种变化趋势更趋于适应新工程实践环境的变化与需求。

我们需要认真思考的是，工程管理科学研究与人才培养如何满足新时代国家发展的重大需求，如何适应新一代信息技术环境下的变革需求？我们提出"新工程管理"的理论构念和学术术语，作为回应上述基础性重大问题的理论创新尝试。总体来看，在战略需求维度，"新工程管理"应适应新时代社会主义建设对人才的重大需求，适应新时代中国高等教育对人才培养的重大需求，以及"新工科""新文科"人才培养环境的变化；在理论维度，"新工程管理"应体现理论自信，实现中国工程管理理论从"跟着讲"到"接着讲"，再到"自己讲"的转变，讲好中国工程故事，建立中国工程管理科学话语体系；在建设维度，"新工程管理"应坚持批判精神，体现原创性与时代性，构建新理念、新标准、新模式、新方法、新技术、新文化，以及专业建设中的新课程体系、新形态教材、新教学内容、新教学模式、新师资队伍、新实践基地等。

创新驱动发展。我们组织编写的"新工程管理"系列丛书的素材，一方面来源于我们团队最近几年开展的国家自然科学基金、国家重点研发计划、国家社会科学基金等科学研究项目成果的总结提炼，另一方面来源于我们邀请的国内外在工程管理某一领域具有较大影响的学者的研究成果，同时，我们也邀请了在国内工程建设行业具有丰富工程实践经验的行业企业和专家参与丛书的编写和指导工作。我们的目标是使这套丛书能够充分反映工程管理新的研究成果和发展趋势，立足中国工程实践，为工程管理理论创新提供新视角、新范式，为工程管理人才培养提供新思路、新知识、新路径。

感谢在本丛书编撰过程中提出宝贵意见和建议，提供支持、鼓励和帮助的各位专家，感谢怀着推动工程管理创新发展和提高工程管理人才培养质量的高度责任感积极参与丛书撰写的各位老师与行业专家，感谢积极在科研实践中刻苦钻研为丛书撰写提供重要资料的博士和硕士研究生们，感谢哈尔滨工业大学、中国建筑集团有限公司和广州大学各位同事提供的大力支持和帮助，感谢各参编与组织单位为丛书编写提供的坚强后盾和良好环境。我们尝试新的组织模式，不仅邀请国内常年从事工程管理研究和人才培养的高校的中坚力量参与丛书的编撰工作，而且，丛书选题经过精心论证，按照选题将编写人员进行分组，共同开展研究撰写工作，每本书的主编由具体负责编著的作者担任。我们坚持将每个选题做成精品，努力做到能够体现该选题的最新发展趋势、研究动态和研究水平。希望本丛书起到抛砖引玉的作用，期待更多学术界和业界同行积极投身到"新工程管理"理论、方法与应用创新研究的过程中，把中国丰富的工程实践总结好，为构建具有"中国特色、中国风格、中国气派"的工程管理科学话语体系，为建设智能、可持续的未来添砖加瓦。

薛小龙

2020 年 12 月于广州小谷围岛

前　　言

可持续和高质量发展是当下全球范围的研究热点和共同目标，建筑工业化是我国建筑业实现低碳、绿色、精益发展的重要路径。随着《关于加强和发展建筑工业的决定》《关于大力发展装配式建筑的指导意见》等国家政策的发布，建筑工业化基本特征从最初的"三化一改"到"四化一改"，再从"五化一体"到最新提出的"六化"，内涵与时俱进、不断丰富，逐步明确了标准化设计、工厂化生产、装配化施工、一体化装修、信息化管理和智能化应用的基本要求。装配式建筑作为推进建筑工业化的重要载体，具有节能减排、质量优良和高效集约等优势，有助于建筑业的转型升级。装配式建造技术驱动装配式建筑发展，装配式建造技术扩散实现技术在企业间的合作共享，促进通用技术体系的建立，有效降低建造成本，是装配式建造技术从研发到应用、将创新成果转化为经济效益的关键环节。然而，由于缺乏理论指导，现阶段装配式建造技术扩散效率低且效果不佳，规模经济实现困难，制约了装配式建筑的发展。

因此，本书以装配式建造技术为研究对象，基于技术扩散理论、博弈论与复杂网络理论，系统揭示装配式建造技术扩散的要素驱动机制、主体决策机制及网络演化机制，并提出装配式建造技术扩散治理策略建议，为装配式建造技术的推广应用提供科学依据。

首先，从主体、客体与环境 3 个维度，初步识别装配式建造技术扩散的"企业-企业"交互（企业间交互）、"中介机构-企业交互"（中企交互）、"消费者-企业"交互（消企交互）、政策干预、网络权力以及技术通用性共 6 个驱动要素，并提出前三个要素对扩散绩效具有显著的直接驱动作用，后三个要素对扩散绩效存在显著间接驱动作用的理论假设；获取 119 家装配式建造企业的调研数据，采用实证研究方法，证伪中企交互与消企交互对扩散绩效直接驱动作用的显著性，明确装配式建造技术扩散的 4 个核心驱动要素为企业间交互、政策干预、网络权力及技术通用性；深入剖析企业间交互与扩散绩效关系中技术通用性的调节效应以及网络权力与政策干预的复杂中介效应，厘清装配式建造技术扩散核心要素的交互关系及驱动机理，明确装配式建造技术扩散的动因。

进而，将识别的企业间交互、政策干预、网络权力及技术通用性 4 个核心驱动要素引入主体决策过程，论证不同主体间存在的演化博弈与动态博弈关系；通过竞争者与合作者演化博弈，阐明装配式建造技术扩散主体决策同时受制于自身及其合作者的扩散总收益；剖析直接补贴、间接补贴与装配率指标要求三种监管政策对主体决策的影响机理，发现政策变量拐点的存在；借助 Stackelberg 博弈，求解博弈主体的子博弈完美纳什均衡；采用智能算法分析算例，量化扩散主体决策与政府监管政策的协同优化，揭示装配式建造技术扩散的微观机理；选取吉林省长春市作为案例城市，采用专家调查、政策与文献分析等方法收集案例数据（相关资料截止到 2019 年底）；借助合作者演化博弈与 Stackelberg 模型分析，发现长春市大多数企业存在对传统建造技术扩散的路径依赖，且取消直接补贴、强化间接补贴与提高装配率指标要求是当前长春市装配式建筑监管政策的合理配置。

接下来，从企业择优选择合作者视角，将识别的企业间交互、政策干预、网络权力及技术通用性 4 个核心驱动要素引入扩散网络演化分析；构建装配式建造技术扩散网络的两阶段演化模型，揭示新企业进入扩散网络以及企业在网络内部重连的完整演化过程；明确择优合作企业数量与装配式建造资源上限两个关键指标对扩散网络演化的影响机理，刻画装配式建造技术扩散网络在不同阶段演化的无标度特征；通过国家知识产权局官网，获取装配式建筑合作专利数据；基于两阶段演化模型，系统揭示装配式建造企业的合作者择优结果及其涌现的网络式扩散路径，验证装配式建造技术扩散网络演化的无标度特征。

最后，通过装配式建造技术扩散要素驱动机制、主体决策机制以及网络演化机制的全面揭示，在理论研究与实践检验的充分支持下，探索装配式建造技术扩散治理策略，分别向装配式建造企业和政府部门提出装配式建造技术扩散绩效提升措施，落实装配式建造技术扩散机制的运行，以持续优化装配式建造技术扩散系统性能。

本书是国家自然科学基金青年项目"装配式建造技术多主体协同扩散机制研究"（72101044）的重要研究成果之一。感谢在项目实施过程中大连理工大学建设管理系老师们的鼎力支持与所有调研企业的大力配合。同时，本书也得到了国家重点研发计划课题"工业化建筑发展水平评价技术、标准和系统"（2016YFC0701808）和中央高校基本科研业务费引进人才专题项目"装配式建造技术跨组织扩散机制研究"（DUT20RC（3）092）的支持。特别感谢广州大学薛小龙教授的精心指导，感谢大连理工大学李忠富教授和袁永博教授、哈尔滨工业大学王要武教授、赵泽斌教授和李湛副教授、广州大学吴昌质教授和王玉娜副教授以及香港城市大学骆晓伟教授的支持和帮助。

　　本书揭示的装配式建造技术扩散机制，解决了装配式建造技术扩散发生动因、微观机理及宏观演化的关键问题，丰富了技术扩散理论体系，有益补充了工程管理理论。本书提出的装配式建造技术扩散治理策略建议，对装配式建筑推广实践有积极贡献。

窦玉丹

2023 年 2 月

目　　录

第1章

总　论

1.1　研究背景

可持续发展受到全球范围广泛关注[1]，是各行业共同的发展目标，建筑业作为我国国民经济的重点产业，节能环保需求与日俱增。近年来，我国城镇化高速发展，截至 2020 年，常住人口城镇化率提高到 60％以上，住房需求大幅增长，建筑业急需提高建造效率。近年新型冠状病毒感染的发生，进一步强化了社会突发事件对于医院、隔离点、安置房等救灾建筑快速建造的需求。根据国家统计局《2019 年农民工监测调查报告》，农民工规模增速为 0.8％，与 2018 年基本持平，较 2017 年下降 0.9％，导致建筑人工成本上升。在高质量发展时代，建筑业供给侧结构性改革深入推进，传统劳动密集的粗放生产方式迫切需要转型升级，实现低碳、高效、精益的新型建造方式[2]。装配式建筑是新型建造方式的重要载体[3]，装配式建造具有标准化设计、工厂化生产、装配化施工、一体化装修、信息化管理和智能化应用特征，能够实现节约资源[4]和工期[5]、降低能耗和浪费[6]、减少建筑垃圾和施工污染[7]、提高质量[8]和全生命周期效益[9]的建筑工业化目标，是对传统建造方式的重大变革[7,10,11]。

2016 年以来，国务院主导各级建设管理部门与地方政府大力发展装配式建筑。住房和城乡建设部在《"十三五"装配式建筑行动方案》提出，到 2020 年，全国装配式建筑占新建建筑的比例达到 15％。《中共中央 国务院关于进一步加强城市规划建设管理工作的若干意见》《国务院办公厅关于大力发展装配式建筑的指导意见》及《国务院办公厅关于促进建筑业持续健康发展的意见》等多个国家级政策，明确提出"力争用 10 年左右时间，使装配式建筑占新建建筑比例达到30％"的发展目标。在顶层框架支持下，我国装配式建筑应用规模和推广速度大幅提升，取得一定成效，但整体发展水平仍然较低，且区域发展不平衡[12]。

装配式建造技术是设计、生产、施工等多种建造技术的有机集成，共同驱动装配式建筑发展。装配式建造技术扩散突破企业边界，实现装配式建造技术在企

1

业间的合作共享，有利于先进技术和优势资源在建筑行业的合理配置，促进装配式建筑通用技术体系、结构体系与标准体系的建立，降低装配式建造成本，达成规模经济。因此，装配式建造技术扩散实现了技术从研发到应用、从创新成果到经济效益的转变，是建筑业大力发展新型建造方式的关键。然而，装配式建造技术扩散过程尚未得到足够重视，理论研究不足，管理实践缺乏科学指导，导致政府自上而下推行而企业被动接受，技术扩散效率低且效果不佳，制约装配式建筑发展。因此，有必要深入研究装配式建造技术扩散机制，探索装配式建造技术扩散路径优化及扩散绩效提升途径，优质高效推动装配式建筑发展。

在建筑业快速建造、可持续及高质量精益发展需求下，明确装配式建造技术扩散研究的必要性，提炼本书的科学问题，具体包括以下三个方面。

第一，装配式建造技术扩散的动力与原因是什么。装配式建造技术扩散核心要素及其驱动机制，能够揭示技术扩散发生的动力与原因，是装配式建造技术扩散机制研究的关键[13,14]。装配式建造技术扩散是多主体参与并被市场和政府双重调控的复杂过程[15,16]，受到内外部诸多因素的影响，而驱动要素是技术扩散发生和演化的根本动力，优化核心驱动要素能够直接提升技术扩散绩效。同时，扩散要素驱动机制为装配式建造技术扩散微观主体决策与宏观网络演化的研究奠定基础，是扩散机制研究首要明确的问题。然而，驱动装配式建造技术扩散的核心要素是什么，核心要素的驱动机制及交互关系是什么，目前尚缺乏相关研究深入探索这些问题。

第二，装配式建造技术扩散的微观机理是什么。装配式建造技术扩散微观机理是技术扩散领域的前沿问题[17,18]，也是技术扩散机制研究的核心内容[13,14]。装配式建造技术扩散在微观层面表现为主体决策过程，即主体决策相互影响、相互制衡的形成与优化过程。扩散主体（装配式建造企业）决策的形成受核心要素驱动，尤其政策干预较多，具有其监管方式与内容的特殊性，需要针对性分析。此外，装配式建造企业在技术采纳后会进一步决策如何执行装配式建造，政府部门在刺激企业采纳技术的同时调整监管政策配置，装配式建造企业与政府部门协同优化，实现各自利益最大化的"双赢"目标，这是主体决策机制研究的重要意义。然而，装配式建造技术扩散的微观机理是什么，装配式建造企业的完整决策过程如何实现，目前尚缺乏系统研究。

第三，装配式建造技术扩散的网络演化特征是什么。在核心要素驱动下，扩散主体决策持续发生，企业间合作关系不断增强，装配式建造技术扩散逐渐呈现网络特征。扩散网络的形成与演化是装配式建造技术扩散的宏观涌现，是技术扩散机制研究的重要内容[13,14]。装配式建造技术扩散网络演化机制分析能够预测宏观扩散特征，识别核心企业并合理分配企业间装配式建造资源[19]，优化扩散路径以提升扩散效果。现有研究多简化为无权网络，造成重要信息丢失[20,21]，且聚焦新企业进入扩散网络的演化过程而忽略扩散网络内部企业重连的演化，分析结果存在偏差[22]。根据装配式建造技术及其扩散特征，引入连边权重，探索装配式建造技术扩散网络由外及内的完整演化，目前研究较少涉及。

综上所述，装配式建造技术扩散机制研究需要回答扩散发生动因、微观扩散机理及宏观网络演化 3 个关键问题，以完整揭示装配式建造技术扩散驱动要素、主体决策及网络演化构成的扩散机制，并提出切实可行的扩散治理措施，解决装配式建造技术扩散面临的现实问题。

1.2　研究意义

（1）丰富技术扩散理论体系。本书借鉴技术扩散理论成果，开展装配式建造技术扩散机制的系统研究，用来指导装配式建造技术扩散管理实践符合现实情境。然而，装配式建造技术扩散尚未实现完全的市场化，政策干预多且监管不完善，传统技术扩散理论只能部分解决装配式建造技术扩散问题。因此，本书从提升装配式建造技术扩散绩效与优化扩散路径的目标出发，结合装配式建造技术及其扩散的独特性，识别装配式建造技术扩散核心驱动要素，揭示装配式建造技术扩散主体决策过程，刻画装配式建造技术扩散路径形成与网络演化特征，将传统技术扩散理论与研究方法予以拓展，并促进技术扩散理论、博弈论及复杂网络理论的跨学科深度融合，丰富了技术扩散理论体系。

（2）有益补充工程管理理论。装配式建造技术不是对传统建造技术的单点突破，而是从标准化设计技术、工厂化生产技术、装配化施工技术、一体化装修技术及信息化管理技术多个维度对建筑业生产方式的整体升级。将多种建造技术视为有机集成的整体，系统开展装配式建造技术扩散机制研究，能够阐明复杂的装配式建造技术扩散过程，完善装配式建造技术研究体系。采用实证研究、博弈分析、网络分析及智能算法等方法，逐层揭示装配式建造技术扩散核心驱动要素、微观扩散机理与宏观网络演化，明确装配式建造技术及其扩散的理论解释，是对工程管理理论的有益补充。

（3）提升装配式建造技术扩散效率与效果。识别装配式建造技术扩散核心驱动要素，有助于企业针对性调整扩散决策和建筑产品营销方案，有的放矢，提升企业自身扩散绩效，并通过良好的企业间协同，进一步提升行业整体扩散效益，推动装配式建筑发展；发现不同监管政策对装配式建造企业扩散决策的差异化影响，能够实施合理的政策干预，刺激装配式建造企业采纳技术的主动性，加速装配式建筑通用体系的建立，提升装配式建造技术扩散效率；明确装配式建造企业的合作者择优机理，有利于企业建立多样化合作关系，平衡企业间资源分配，最大化装配式建造技术扩散的效果。

（4）促进装配式建造方式的推广应用。装配式建造技术扩散网络演化呈现无标度特征，识别扩散网络中综合影响力较大的核心企业，协助政府制定装配式建筑相关标准与技术规范，并通过建立住宅产业化基地与装配式建筑产业基地，发挥示范与辐射作用，带动更多企业扩散装配式建造技术，加速装配式建造方式的推广；探索装配式建造企业扩散决策与政府监管政策的协同优化，能够实现有限资源的效用最大化，通过平衡企业间资源分配，防止垄断而损害市场秩序，提升行业整体的可持续效益，促进装配式建造方式的应用。

1.3　研究综述

1.3.1　装配式建造技术研究现状

装配式建筑是现阶段我国建筑业实现建造方式改革的主要载体，受到政府和社会各界的广泛关注，也成为建筑领域及工程管理学科的研究热点。基于已有研究[23,24]，确定中文关键词为：装配式建筑、工业化建筑、预制建筑、模块化建筑、建筑工业化、住宅产业化及建筑产业化，英文关键词为：Off-site Construction、Off Site Construction、Offsite Construction、Prefabricated Construction、Industrialized Construction、Panelized Construction、Modular Construction、Tilt Up Construction、Tilt-up Construction、Precast 及 Precast Construction。分别在中国知网数据库（CNKI）及 Web of Science 核心合集数据库（WOS）进行检索，限定时间范围为 2009 年 1 月 1 日至 2019 年 6 月 30 日，得到装配式建筑相关的中英论文数据。进一步精炼至"建筑科学与工程"和"经济与管理科学"领域，相应论文数量及变化趋势如图 1-1 所示。

由图 1-1 可知，2009 到 2018 的十年间，中英论文数量均呈现逐年增加的趋势，而 2019 年截至上半年，中文论文数量就已经超过 2018 年全年的发文量，表明装配式建筑持续受到学术界的高度关注，并不断产生创新性研究成果。

国内近十年，装配式建筑发文量显著高于"建筑工业化""住宅产业化""预制建筑"等相关概念，是当前主流工业化建造方式，其研究方向集中在工程技术（44%）、行业管理（34%）及技术应用（12%）等方面，如图 1-2 所示。

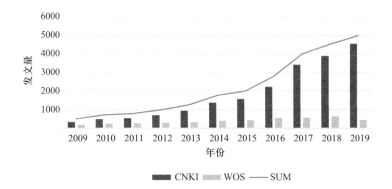

图 1-1　装配式建筑相关的中英论文数量变化趋势

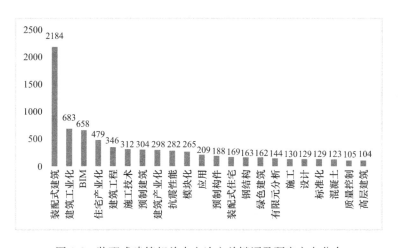

图 1-2　装配式建筑相关中文论文关键词及研究方向分布

国际近十年，装配式建筑相关研究的总发文量 4287 篇，以美国与中国学者最多，占据总数的 43%。使用频次最高的关键词为 Off-site Construction、Prefabricated Construction、Modular Construction 和 Industrialized Construction[23,24]，研究方向主要分布在建筑工程、建筑施工技术以及材料科学三方面，如图 1-3 所示。

装配式建造技术是推动装配式建筑发展的先决条件，实践意义重大。从装配式建筑的相关研究发现，装配式建造技术在国内外学术界受到很高的关注，并呈现与日俱增的热度[23]，现有成果主要从几个维度展开：

（1）建筑信息模型（Building Information Modeling，BIM）在装配式建造过程中的应用。BIM 是建筑学、工程学及土木工程的新工具，为建筑信息集成提供数字化平台[25]。装配式建造方式具有较高的复杂性和集成性，对多专业、多主体、多阶段的协同需求较高。BIM 技术有助于实现装配式建造设计、生产及施工一体化，优化装配式建造流程[26]，适用于装配式建造。此外，BIM 技术作为一种

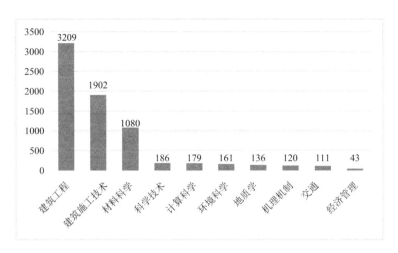

图 1-3　装配式建筑相关英文论文研究方向

应用于工程设计、建造、管理的数据化工具，通过与不同装配式建造技术的融合，为装配式建造过程的信息化管理和智能化应用提供重要支撑。

（2）装配式建造设计技术。装配式建筑需要同时考虑建筑防水性、抗震性等结构安全与多样性、舒适性等居住性能，对设计技术提出更高要求。现阶段主要采用模数协调的标准化设计技术，通过多专业、多主体的协同配合，尽可能实现"一步到位"[27]，促进设计、生产和施工一体化，避免设计变更与返工浪费，显著区别于传统建造的边设计、边施工方式。

（3）预制构件生产及运输技术。预制构件的工厂化生产是装配式建造特有过程，通过建立自动化流水线批量生产预制构件部品，实现规模经济。预制构件生产需保障成品的防水抗渗性能，大型预制构件还涉及吊装与运输问题[28]，包括吊点设计[36]、成品保护及运输路径优化等[29]。在预制构件生产与运输过程中，还应加强构件生产企业与开发企业、设计企业及施工企业的配合。

（4）装配式建造施工技术。施工技术包括吊装、连接、砌筑等工艺、工法及施工过程所使用的具体技术。体积较大的预制构件或部品起吊安装困难[30]，起重路径优化能够显著提升建造效率[31]。预制构件间的连接强度对结构抗震性和安全性影响显著[32]，尽管套筒灌浆技术较为成熟，等同现浇的连接技术仍存在改进空间。装配式建造施工技术的研发与优化，对降低建造总成本和提高建筑质量发挥重要作用，可通过特定标准衡量并监督实施[33]。

（5）装配式建造技术特征及相关问题。装配式建造过程追求设计-生产-施工一体化[27]，相比一般制造业技术及传统建造技术，装配式建造技术表现出多专业、多阶段的高度集成特征，需要参与装配式建造的多主体紧密协同[35]，实现工期缩短和成本降低的精益建造目标。装配式建造技术的创新性和信息化要求高，自身存在操作实施以及维护更新等方面的复杂度[36]。现阶段，我国装配式建造技术自主研发整体水平较低[12]，以引进后再创新与协同创新为主，装配式建造技术通用体系尚未建立。此外，装配式建造技术不易观测[37]，消费者感知度较低，市场供求关系不平衡且供求信息不对称[36]，投产更新周期较长，未来收益存在较大不确定性。然而，装配式建造技术作为低碳环保的新型建造技术，对建筑业转型升级和可持续发展发挥重要作用，社会整体效益显著，因此受到各级政府部门的高度关注。在装配式建筑相关政策的扶持引导下，装配式建筑的推广取得一定成效，但短期经济效益与长远社会效益的矛盾、政策干预多而措施不完善等问题使得装配式建造技术扩散过程非常复杂[38]。

（6）装配式建造技术成本效益分析。装配式建造技术扩散效果不佳，制约了装配式建筑通用体系的建立[34]，规模经济尚未实现，导致装配式建造成本相对传统建造方式偏高[35]。装配式建造技术具有高度集成性与复杂性特征，技术采纳的短期经济效益不显著且存在不确定性，导致利润导向的企业缺乏技术采纳主动性，装配式建造技术扩散的完全市场化实现困难。然而，装配式建造技术同时具有低碳环保、精益高效的特征，装配式建筑远期可持续效益突出[7]，是建筑业实现转型升级的重要路径。因此，装配式建造技术扩散过程存在较多政策干预，需要通过政策对企业在装配式建造投入方面予以补贴和支持，逐步引导装配式建造技术实现全面扩散。

综上所述，现有装配式建造技术研究既包括宏观层面多种建造技术的应用、管理和成本效益分析，也包括微观层面特定案例中具体技术的研发与优化，但从技术研发到技术应用的装配式建造技术扩散过程却被忽视，将多种装配式建造技术作为有机整体的研究也不多见[27,39]，实践指导意义受限。

1.3.2　技术扩散研究现状

1912年，奥地利经济学家Schumpeter提出创新的理论观点及技术创新扩散的思想[40]。1943年，美国学者Bryce Ryan发表杂交玉米扩散的著作后，技术扩散真正确立其学术地位[41]。1989年，英国经济学家Stoneman对技术扩散模型进行大量深入的研究[42]，此后，技术扩散独立于技术创新被广泛关注。

技术扩散在农业与制造业等领域研究较为成熟，同时是经济、管理等学科的理论研究热点。但建筑领域的技术扩散研究相对较晚，且聚焦在企业采纳行为[43]、工程项目或具体材料分析[37]、企业内部技术应用[44]、技术扩散影响因素[45]和宏观扩散趋势预测[46]等层面，尤其以BIM技术扩散的研究成果最多[25,47]。建筑领域的技术扩散研究内容分散，研究深度不够，缺乏系统性的建造技术扩散分析，在研究维度、研究方法及研究内容等方面待探索空间巨大。

1.3.2.1　技术扩散研究维度

技术扩散是技术通过一定时间，经由特定渠道，在某一社会系统的成员间传播的过程[15,16]，反映了技术在时空范围的复杂扩散。根据"成员"定义以及社会系统包含范围的差异，技术扩散的研究通常从组织内、跨组织以及跨地域 3 个维度展开。组织是指为实现某种共同目标，按照一定的结构形式、活动规律结合起来的，具有特定功能的开放系统[112]，多指企业或机构[113,114]。

组织内技术扩散是指一项新技术被组织第一次采用到在组织内扩散达到饱和状态的过程[48]，目标是提高企业生产率。组织内扩散反映了技术在组织内的同化吸收过程，主要包括两个阶段：组织管理人员做出技术扩散决策及组织内其他成员被动执行技术扩散过程[49]。组织内技术扩散研究的意义在于第二阶段，此过程反映的是组织对创新技术的实施程度以及相应的组织行为[50]。

不同于组织内技术扩散，跨组织技术扩散突破组织的边界限制，实现技术在组织间的合作共享，由实际技术采纳者数量在市场潜在采纳者数量所占比例来测度[51]，能够同时反映技术扩散的速度和深度。跨组织技术扩散是技术扩散得以全面市场化的必然过程，通过组织间技术交易或协同创新实现[52]。跨组织技术扩散过程存在趋同性现象，呈现网络特征[53]，同时网络也是跨组织技术扩散的重要渠道[54]，相比组织内技术扩散过程更复杂。此外，组织异质性对技术扩散的路径与效果存在显著正向影响[55]，尤其是骨干企业对边缘企业的示范和带动，可以提升系统内技术扩散的整体绩效。跨组织技术扩散使得技术从研发者推广到整个行业乃至其他经济领域，是重要的技术扩散方式。

技术在组织间扩散到一定程度，会促使采用或供给某种技术的同类型企业和供应链企业聚集在一定的地理范围，形成特定的产业集群[48]。因此，特定地域的跨组织技术扩散在空间角度属于产业集群内部的技术扩散，而产业集群之间的技术扩散，则属于跨区域的技术扩散，是技术在地区或国家间伴随对外贸易、外商直接投资等方式附着在产品或生产要素中的扩散[48]，在经济地理领域研究较多[56]。一般而言，创新技术只有在特定地域的组织间扩散成功，才能代表地区或国家层面的领先技术水平被转移到其他地区或国家，发生跨区域的技术扩散[57]。但也有一些协同创新需求较高的技术，比如装配式建造技术，其跨组织扩散能够突破地域限制。

组织内技术扩散、跨组织技术扩散以及跨地域技术扩散的关系如图 1-4 所示，箭头方向为技术扩散从供给到采纳的流向。

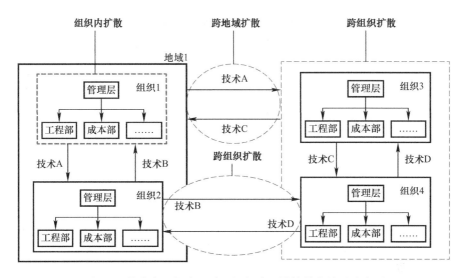

图 1-4 技术在组织内、跨组织与跨地域扩散的关系示意图

跨组织技术扩散突破组织边界，以组织作为扩散主体，将技术从研发成果转化为经济效益，并且不受地域限制，有利于产生技术扩散的放大效应，具有重要的理论与实践意义。本书探讨的装配式建造技术扩散机制与治理策略研究即为跨组织技术扩散层面。

1.3.2.2 技术扩散研究方法

（1）扩散模型方法。技术扩散模型是技术扩散理论研究最多、最深入的方法，一般分为总体模型和个体模型[58]。总体扩散模型假设个体在扩散过程中相互独立且无差别，通过构建微分方程大致描述群体规模的宏观扩散趋势。Bass 模型[59]、Fourt-Woodlock 模型[60]及 Mansfield 模型[51]是最著名的 S 型总体扩散模型。个体扩散模型通过对个体采纳技术决策及不同影响要素的分析，建立个体决策行为的技术扩散模型，以考察技术扩散的规律，常用概率模型[61]和技术采纳模型[62]等。

（2）博弈论方法。1981 年，英国经济学家 Reinganum 首次在技术扩散研究中引入博弈论方法[63]。迄今，采用博弈论模型分析技术扩散的研究主要集中在几个方面：技术扩散的择时分析[62]、外部环境对技术扩散影响[61]、技术扩散中企业自身及技术特征影响[64]等。博弈论方法使技术扩散研究具备严格的理论分析，揭示技术扩散微观机理，极大丰富了先前的概念、模型和方法，在技术扩散领域拥有广阔的研究空间。然而复杂情境下不同主体间的博弈关系千差万别，需要结合各自领域技术扩散特点，选择适宜的博弈模型展开分析。

（3）网络分析方法。复杂网络的兴起为技术扩散研究提供了新思路和新视角。国内外学者采用网络分析方法进行技术扩散研究，包括评估扩散网络结构[65]、行业扩散特征[66]、技术扩散特征[67]等，主要关注不同情境下网络结构特征对技术扩散的影响以及多种因素对网络上技术扩散发挥的作用，论证了创新技术的网络式扩散特征。也有采用总体扩散模型，通过元胞自动机或多智能体仿真等方法将微观扩散与宏观扩散联系起来，但较少揭示技术扩散网络的形成与演化机理，对于技术扩散从微观主体决策到宏观扩散演化的过程以及技术扩散网络上的扩散路径特征解释不足。

技术扩散常用研究方法的特点与应用汇总如表 1-1 所示。

技术扩散常用研究方法汇总表 表 1-1

研究方法		优点	缺点	适用范围	代表模型或工具
扩散模型	总体模型	模型原理简单；预测效果较好	忽略个体异质性；参数估计难度大	数据量大且样本质量好	Bass 模型[59]
	个体模型	考虑个体异质性；引入学习过程	假设过于严苛；数据样本要求高		传染病模型[51]、概率模型[61]
博弈模型		理论分析严谨；考虑个体异质性；微观扩散机理清晰	假设条件多；损益数据不易获取，模型验证困难	链式扩散过程	演化博弈[68]、动态博弈[69]
网络分析		假设条件和数理约束少；结果更贴合实际	无法揭示技术扩散的根本动因	网络式扩散过程	网络演化模型[70]、链路预测算法[71]

装配式建筑发展不成熟，装配式建造技术扩散尚未实现完全市场化，无法获取大样本数据，扩散模型方法的应用效果不佳。博弈论方法能够有效揭示技术扩散的微观机理，网络分析方法可以很好地刻画技术扩散的宏观涌现过程，适用于装配式建造技术扩散机制的研究，但需要结合装配式建造技术及其扩散特征，选择适宜的模型方法对研究问题深入讨论。

1.3.2.3 技术扩散模式研究

技术扩散模式旨在研究技术扩散如何发生、创新技术通过何种方式或者借助哪些载体扩散[72]，在技术扩散理论体系中占据重要地位，诸多学者从不同视角对技术扩散模式展开研究。按照政府计划机制与市场供求机制作用程度不同，技术扩散分为集中型扩散和非集中型扩散两种模式[73]。根据扩散渠道和载体不同，技术扩散包括政府导向型、企业导向型、市场导向型及交叉式扩散四种模式[74]。基于已有研究，发现技术扩散模式的分类主要依据政府在技术扩散中发挥作用的差异[75,76]。因此，本书将技术扩散模式总结为政府主导型、市场主导型以及政府引导型三种。

（1）政府主导型扩散模式

政府主导型扩散模式是政府通过行政指令，采用强制性法律法规等政策手段，对特定创新技术的扩散予以推动，实现社会经济系统效益的整体提升，带动区域经济发展[76]。政府主导型扩散模式下，政府占据绝对主导地位，直接决定创新技术扩散的深度与广度，一般适用于军事、航天等关系国计民生的重大创新技术扩散。但政府主导型技术扩散区别于技术推广，前者是政府强制性政策下创新技术在企业（或机构）之间的双向扩散，企业既可以是采纳方也可能是供给方，后者是政府对某项创新技术的单方向推广，企业仅接收新技术[77]。

（2）市场主导型扩散模式

市场主导型扩散模式是完全发挥市场机制作用，企业为追求利益最大化，依据市场供求及竞争合作情况，自主决策采用或供给创新技术[73]。市场主导型扩散模式需要以技术市场成熟完善、供求信息对称为前提，适用于复杂度较低、通用水平较高的创新技术在中小型企业之间的扩散[78]。在市场主导型扩散模式下，政府仅发挥监督和服务的作用，为技术扩散营造适宜的市场环境，一般制造业技术的市场化扩散大多适用于此种扩散模式。

（3）政府引导型扩散模式

政府引导型扩散模式是以政策目标为导向，通过鼓励性政策引导企业采纳创新技术，逐步实现技术的全面扩散。一方面，政府采用多种补贴政策为采纳创新技术的企业提供便利，降低企业技术采纳的投入和风险，刺激并扶持企业采纳创新技术[79]，实现更高的社会整体效益。另一方面，企业在市场活动中为追求最大化利润或迫于竞争压力而采用创新技术，持续提升自身经济效益[80]。因此，政府引导型扩散模式是政府干预与市场机制相结合的模式，适用于具有高投入、高风险及高社会整体效益的创新技术扩散，政府在技术扩散过程中既是监督者与服务者，也是协调者和参与者[38]。

装配式建造技术是复杂集成但低碳环保的新型建造技术，现阶段发展尚不成熟，各级政府通过多种监管政策发展装配式建筑，以实现建筑业整体转型升级。政府部门对于装配式建造技术扩散以鼓励引导为主，仅对采纳装配式建造技术的企业实施装配率指标等强制要求，并对装配式建造指标不合格的企业实施征信降级、罚款等监管措施[81]。因此，装配式建造技术扩散不符合政府主导型与市场主导型扩散模式，而是对政府引导型扩散模式的拓展，需要结合装配式建造技术政策干预形式与内容的特殊性开展相关研究。

1.3.2.4　技术扩散机制研究

技术扩散机制研究的是技术扩散能够自动进行的原因以及扩散主体在技术扩

散过程中遵循的原则和约束问题[82]，国内学者主要采用定性方法分析技术扩散机制的构成，包括动力机制、沟通机制和激励机制[83]，后被补充为供求机制、计划机制、中介机制、激励机制和竞争机制，五种子机制共同决定技术扩散模式[84]。技术扩散动力机制的核心是牵引力与推动力[15]，同时需要关注网络环境[85]、主体异质性[86]及时间演化效应[87]的影响。

国外学者对于技术扩散机制的研究较为深入，基于不同的研究视角，系统性分析技术扩散的拉力机制、推力机制以及耦合机制[88]。技术扩散的拉力机制是从技术采纳角度出发，认为技术扩散发生的原因在于潜在技术采纳者对最大化利益的追逐[89]。技术扩散"学习模仿论"提出，具有相对优势的创新技术能够促使早期技术采纳者获得垄断利润，其他潜在采纳者受到已采纳者的决策影响，模仿和学习创新技术，采纳者数量越多，潜在采纳者选择采纳决策的可能性越大。技术扩散拉力机制的研究成果较多，著名的技术采用模型、贝叶斯学习模型等都是基于技术采纳者角度派生的研究工具。而技术扩散的推力机制则是从技术供给角度出发，认为技术供给者为实现利润最大化而将技术投放到市场并推动技术扩散。推力机制的研究通常针对跨区域技术扩散，尤其是国际技术扩散[90]，以技术扩散的"选择论"和"生命周期论"为代表。技术扩散耦合机制没有严格区分技术采纳者与技术供给者，认为技术扩散从最初的技术供给者开始，随着时间推移，技术逐渐被潜在采纳者采用，新的采纳者对周围潜在采纳者产生影响，并成为新的供给者或信息传播者，从而加速扩散[13,14]。技术扩散的耦合机制，以技术扩散"传播论"为理论基础，充分考虑技术扩散的诸多影响因素，是技术扩散机制研究中最具影响力的一种，近几年受到越来越多学者的关注。

尽管目前技术扩散机制研究取得丰硕成果，但技术扩散机制的内涵尚未形成统一意见，相关研究仍存在很大的探索空间。装配式建造技术供给与采纳双方对最大化利益的追逐是技术扩散能够进行的内因，多重环境要素是技术扩散发生的外因[16]，装配式建造技术扩散机制研究适用于以技术扩散"传播论"为基础的技术扩散耦合机制分析。

1.3.2.5　建筑业技术扩散研究

技术扩散研究起源于农业，在制造业应用也较为成熟，同时是经济、管理等学科的研究热点（Ha，2021；Skiti，2020），但建筑业技术扩散研究相对较晚。以英文 Scopus 数据库以及中国知网 CNKI 数据库作为数据源，检索技术扩散相关主题词，通过文献数据的筛选和清洗，获取与建筑业技术扩散密切相关的英文题录 109 条和中文题录 87 条。借助文献计量分析，得到国内外建筑业技术扩散研究的共现词分析图谱，如图 1-5 所示。

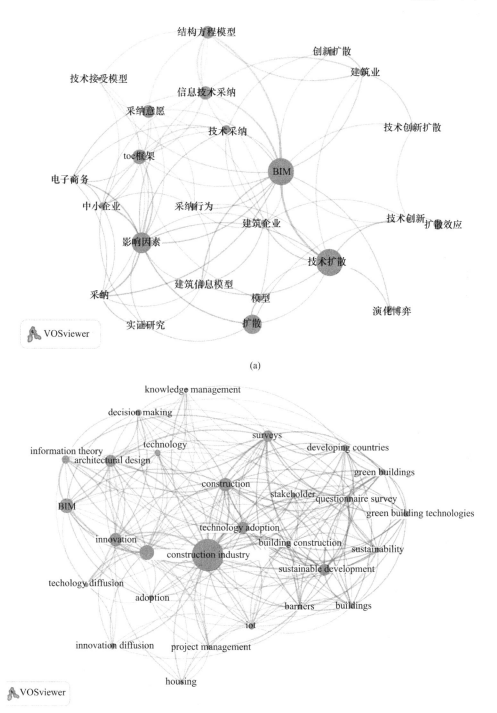

(a)

(b)

图 1-5　国内外建筑业技术扩散研究的共现词分析图谱

可以看到，国内外建筑业技术扩散研究更多以 BIM 等特定技术为研究对象，较少针对技术整体的扩散分析，但"技术扩散"已经作为主要关键词出现，表明建筑领域的技术扩散研究越来越受到关注。进一步对出现频率最高的 30 个共现词执行块聚类分析，共现词聚类结果如表 1-2 所示。

国内外建筑业技术扩散研究的共现词聚类结果　　　　　　　　　　表 1-2

来源	主题内容	主要共现词
国内	BIM 技术扩散	BIM 技术、技术扩散、施工企业、BASS 模型
	精益建设技术采纳	精益建设、采纳意愿、采纳决策、技术采纳模型
	信息技术采纳	信息技术采纳、影响因素、结构方程模型、技术采纳、采纳行为
	创新扩散	创新扩散、建筑业、管理信息系统
国外	BIM 技术扩散	BIM、扩散、创新扩散
	绿色建造技术扩散	绿色建造技术、建筑业、阻碍因素、驱动因素
	创新采纳	创新、采纳、建造

将国内外建筑业技术扩散研究总结为以下三方面：首先，研究内容聚焦在技术采纳影响因素识别、企业采纳决策、意愿或行为分析等维度，缺乏技术扩散时空演化层面的研究；其次，研究对象以信息技术、精益建设技术以及绿色建造技术为主，尤其以 BIM 技术扩散研究成果最多，装配式建造技术扩散的系统性研究尚不多见；此外，研究方法主要采用传统的结构方程模型、技术采纳模型以及 BASS 模型等，对于前沿的网络分析等方法应用不足，技术扩散发生机制与时空演化规律揭示不深入。总体而言，建筑业技术扩散研究的理论体系尚不完善，研究深度不足，待探索空间巨大。

1.3.3　装配式建造技术扩散研究现状

装配式建造技术的集成性、复杂性、环保精益等特征使其扩散呈现效率低、难度大及政府介入程度深等独特性。装配式建造技术是设计、生产、施工等多种建造技术的高度集成，对多主体和多专业的协同需求较高，涉及的专业和主体类型较多，导致装配式建造技术扩散过程相比一般技术扩散更困难[27]。装配式建造技术研发、实施及维护更新等方面具有较高复杂性[36]，市场中装配式建造技术创新能力强的企业数量有限，市场供求关系不平衡且供求信息不对称[35]，技术投产更新周期较长，技术采纳及短期经济效益存在较大风险。因此，"趋利避害"的企业缺乏装配式建造技术采纳的主动性[36]，技术扩散效率低且难度大，单纯依靠市场机制无法实现技术的全面扩散，制约了装配式建筑推广。但作为低碳环保的新型建造技术，装配式建造技术对建筑业转型升级发挥重要作用，能够实现政府对于建筑业可持续、高质量发展的前瞻性规划。因此，现阶段的装配式建造技术扩散存在并需要更多政策干预，且在装配式建筑整体发展水平较低的大背景下，政策监管尚不完善，装配式建造技术扩散过程相比一般技术扩散更复杂[38]。

装配式建造技术扩散是从技术研发到技术应用的关键环节，对大力发展装配式建筑发挥重要作用，然而，由于其比一般技术扩散更复杂和困难[38]，传统技术扩散理论不能很好地解决装配式建造技术扩散问题，目前鲜少装配式建造技术扩散的系统性研究[91]。国内学者多基于技术采纳视角，分析企业对特定装配式建造技术的采纳行为[62]、采纳意愿[92]及影响技术采纳的因素识别[93]，以BIM等信息化管理技术扩散研究成果最多[94]。这些面向单一建造技术的扩散研究深度充分，但更多为定性研究，且未能将多种建造技术视为有机整体而系统研究，装配式建造技术及其扩散的理论解释不足，实践指导意义有限。

此外，由于统计数据缺乏，多数研究通过企业或项目调研方式获取实证数据，采用结构方程模型及多元回归方法，开展装配式建造技术扩散相关研究[95]。但实证数据适用范围较小，研究成果对于扩散实践的指导受到制约。国外学者多聚焦特定或单项装配式建造技术的研发[30]、优化[31,33]和应用[96,97]，比如吊装技术、抗震技术等的分析[98]，以BIM技术的研究[25,47]最多，只有少数学者专门针对装配式建造技术扩散开展研究，装配式建造技术研究体系缺乏连贯性，工程管理理论需要进一步丰富。

由于缺乏装配式建造技术扩散理论的科学指导，我国装配式建造技术扩散过程存在很多问题[35,36]。装配式建造技术扩散驱动要素不明确，装配式建造企业无法做出合理的扩散决策，或错选选择适宜的合作者，降低企业及行业整体扩散绩效。装配式建造企业技术扩散决策过程未被深入揭示，导致多种监管政策配置不合理，监管成本高却无法真正刺激企业主动采纳技术，政府自上而下推行而企业被动接受，扩散效率较低。装配式建造技术扩散路径形成与演化过程呈现"黑箱"状态，企业间的资源配置不合理，无法发挥政策补贴的引导作用，浪费财政资源，还会损害市场秩序，阻碍装配式建筑发展。

理论先行，为解决装配式建造技术扩散面临的困境，急需结合装配式建造技术及其扩散的独特性，针对性开展装配式建造技术扩散机制研究，为装配式建造技术扩散管理实践提供充分的理论支撑。

1.3.4 国内外研究现状评述

（1）装配式建造技术研究热度高，但缺乏多种建造技术的整体研究，且装配式建造技术扩散的关注度不足。装配式建造技术研究覆盖装配式建造的各个阶段和不同专业[27,39]，但缺乏将多种建造技术作为有机整体的系统性研究。此外，装配式建造技术研究集中在技术研发优化[30]和技术应用[96,97]两个层面，忽视从研发到应用的技术扩散过程，装配式建造技术相关研究缺乏连贯性。装配式建造技术扩散机制研究能够很好地揭示技术扩散的动因、过程与特征，有助于挖掘装配式建筑优质高效推广的途径，研究意义显著，但并未得到足够重视，制约装配式建筑的发展。

（2）装配式建造技术扩散驱动要素定性研究多，要素识别缺乏系统思维且定量研究不足，装配式建造技术扩散要素驱动机制分析不深入。装配式建造技术扩散是涉及多主体、多阶段、多专业并被市场和政府双重调控的复杂过程。已有研究大多是针对特定装配式建造技术的采纳行为[62]与采纳意愿[92]分析，驱动要素构成则基于文献综述或调研访谈[95]，缺乏可靠的理论支撑，容易产生要素冗余或遗漏。需要根据技术扩散理论，确定装配式建造技术扩散系统构成，厘清各维度的驱动要素内容，并通过实证分析验证，确保装配式建造技术扩散核心驱动要素识别的可靠性。但现阶段装配式建筑相关统计数据缺乏，实证数据获取困难，装配式建造技术扩散多为定性研究，对核心要素识别及其驱动机制的论述深度不够，实践指导意义有限。

（3）装配式建造技术采纳决策研究关注度高，但完整的决策形成与优化过程及政府政策与企业决策协同优化的深入分析少，装配式建造技术扩散微观机理的解释不充分。技术扩散是微观主体决策相互影响、相互作用而产生的宏观涌现现象[17,18]。装配式建造技术扩散的主体是装配式建造企业，主体扩散决策包括技术采纳决策与技术供给决策。多数研究认为技术采纳是技术扩散的关键环节[63]，鲜少技术供给决策过程及其对采纳决策影响的分析，对包括主体决策形成与决策优化的完整决策过程研究更少。此外，装配式建筑监管政策包括鼓励性政策和强制性政策两种，具有建筑领域特殊性。多数研究仅考虑鼓励性政策对企业采纳技术的作用[81]，忽略强制性政策（比如装配率指标要求）对企业扩散决策的影响分析，对于政府监管政策与企业扩散决策的协同优化更少见，装配式建造技术扩散的微观机理解释不充分。需要采用博弈理论方法，全面分析装配式建造技术扩散主体决策过程及多种监管政策的影响机理与优化。

（4）节点进入网络的演化研究成果丰富，鲜见扩散网络内部节点重连的研究，装配式建造技术扩散网络演化机理与特征的刻画不清晰。装配式建造技术扩散呈现网络特征，不断吸引新企业进入扩散网络，扩散网络同时为装配式建造技术扩散提供载体[99,100]。复杂网络能够很好揭示技术扩散从微观主体决策到宏观路径形成与网络演化的涌现过程[101,102]，但网络分析方法在建筑业技术扩散的研究成果不多。基于装配式建造技术扩散的驱动要素，构建装配式建造技术扩散网络演化模型，揭示扩散路径形成与网络演化机制的难度较大，现有研究较少涉及，尤其缺乏技术扩散网络内部重连的分析，导致装配式建造技术扩散网络演化特征刻画不清晰。需要借助复杂网络理论与方法，深入分析装配式建造技术扩散网络的演化机理与特征。

1.4　技术路线

本书面向装配式（混凝土）建筑领域，将装配式建造企业作为组织单元，以装配式（混凝土）建造技术为研究对象，基于相关理论方法，分析装配式建造技术扩散要素及其驱动机制，揭示装配式建造技术扩散主体决策过程，刻画装配式建造技术扩散网络演化特征，从微观到宏观逐层深入，系统开展装配式建造技术扩散机制的理论研究，并通过案例分析验证所提出的理论方法，提供企业扩散决策及政府监管政策的优化建议，明确装配式建造技术扩散机制的运行，全面论述本书所涉及的问题。具体技术路线如下。

（1）分析装配式建造技术扩散的理论与现实背景，提出装配式建造技术扩散机制研究的必要性，确定本书研究目标。

（2）界定相关概念，明确装配式建造技术扩散本质与特征，分析技术扩散理论、博弈论与复杂网络理论的适用性，构建理论分析框架。

（3）基于技术扩散理论，采用实证研究方法，识别装配式建造技术扩散的核心驱动要素，剖析要素驱动机制，明确装配式建造技术扩散的动力与原因。

（4）在核心要素驱动下，借助演化博弈与Stackelberg博弈，分析装配式建造技术扩散主体决策机制，揭示装配式建造技术扩散微观机理。

（5）在核心要素驱动下，基于装配式建造技术扩散主体决策，构建两阶段演化模型，分析装配式建造技术扩散网络的演化机制。

（6）通过案例分析，验证本书提出的理论与方法，提出具体的企业扩散决策与政府监管政策优化措施，明确装配式建造技术扩散机制的运行。

最后，总结全书并展望未来研究方向。

本书的技术路线如图1-6所示。

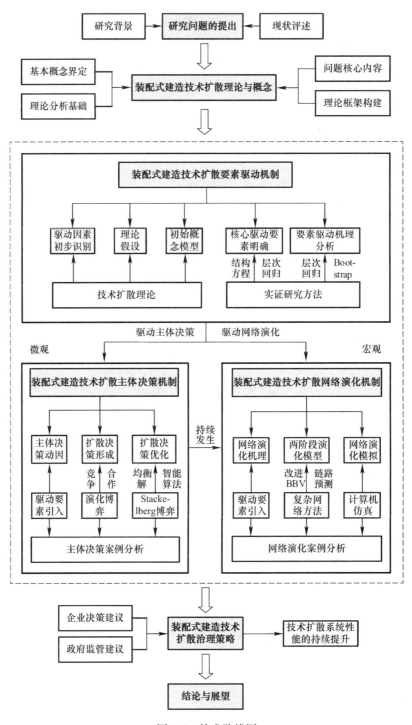

图 1-6 技术路线图

第 2 章

装配式建造技术扩散理论分析

本章首先界定装配式建造技术扩散研究涉及的重要概念，深入分析装配式建造技术扩散的本质与特征。进而阐述技术扩散理论、博弈论及复杂网络理论在本研究的适用性，奠定本书的理论基础。最后揭示装配式建造技术扩散机制内涵，构建理论分析框架，明确本书的研究思路与逻辑架构。

2.1 装配式建造技术扩散相关概念界定

2.1.1 装配式建造技术

2.1.1.1 装配式建造相关概念

（1）建筑工业化、住宅产业化与建筑产业化。这三种概念提出时间和背景不同，内涵既有区别也有联系。

根据国务院办公厅印发的《关于大力发展装配式建筑的指导意见》，建筑工业化基本要求为标准化设计、工厂化生产、装配化施工、一体化装修、信息化管理和智能化应用，提高技术水平和工程质量，促进建筑产业转型升级。建筑工业化基本特征从"三化一改"到"四化一改"，再从"五化一体"到最新提出的"六化"，内涵上与时俱进、不断丰富，但对于技术主导作用的强调没有改变，始终注重生产方式的工业化[135]。建筑工业化发展途径很多，主要包括预制装配化、现场工业化及工业化新技术应用（比如 3D 打印及空中造楼机技术）等[136]，其中，装配式建筑是当前政府重点推广的主流建筑工业化形式[3]。

住宅产业化只针对住宅产业提出，在工业化生产方式基础上，在设计、生产、施工、开发等环节形成完整的、有机的产业链，实现房屋建造全过程的工业化、集约化和社会化，从而提高建筑工程质量和效益，实现节能减排与资源节约。住宅产业化强调生产方式的工业化和科技成果的产业化，科技和人才、工业化与信息化的高度融合发展，绿色低碳以及产业发展的市场导向[135]。住宅工业化是指面向住宅的工业化，其内涵处于建筑工业化与住宅产业化的交集。

建筑产业化是在 2013 年全国政协双周协商会上被提出，同年年底，全国建设工作会明确提出"促进建筑产业现代化"的要求。有学者对建筑产业现代化定义为，将先进的科学技术和管理方法应用于建筑产业，以社会化大生产的方式对建筑产业的生产过程进行组织，提高建筑产业各项技术、经济指标，为用户提供性能优良的绿色建筑产品，全面实现建筑产业的转型升级，使整个建筑产业达到和超越国际先进水平的过程[137]。

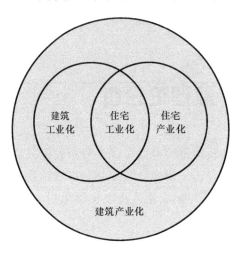

图 2-1　建筑工业化与住宅产业化及
建筑产业化关系示意图

建筑工业化、住宅产业化及建筑产业化的关系可以由图 2-1[138] 表示。

建筑工业化、住宅产业化与建筑产业化在学术界的不同阶段被提及，通过中国知网（CNKI）关键词检索统计，得到建筑工业化、住宅产业化及建筑产业化的学术关注度变化趋势，如图 2-2 所示。

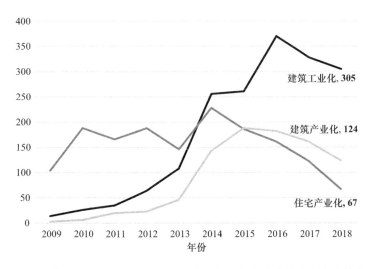

图 2-2　建筑工业化、住宅产业化与建筑产业化的学术关注度变化趋势

可以看到，住宅产业化在 2009 到 2013 年的学术关注度都显著高于建筑工业化与建筑产业化概念，但 2014 年后呈现快速下降趋势。而 2009~2016 年间，建筑工业化和建筑产业化的学术关注度处于上升趋势，尤其在 2013 年后增幅显著。自 2016 年以后，二者的学术关注度也出现下降趋势，这与"装配式建筑"概念

的提出有很大关系（仅 2018 年，以"装配式建筑"为主题检索的中文发文量即为 2237 篇），建筑工业化的实现更加聚焦装配式建筑这一载体。

（2）装配式建筑及其相关概念。装配式建筑（Prefabricated Construction，PC）是我国现阶段的主流工业化建造方式。2017 年 1 月，住房和城乡建设部发布《装配式混凝土建筑技术标准》GB/T 51231—2016，该标准明确提出装配式建筑是结构系统、外围护系统、设备与管线系统、内装系统的主要部分采用预制部品部件集成的建筑。根据《装配式建筑评价标准》GB/T 51129—2017，装配式建筑可以简单理解为由预制部品部件在工地装配而成的建筑，是实现建筑工业化的重要（但不唯一）载体[139]，侧重于建造方式的装配化。

模块化建筑[140]是运用模块化的思想将建筑整体分解为不同的模块设计，在工厂预制完成后运输到施工现场组装。模块化建筑包括混凝土盒子、钢结构盒子或集装箱盒子等形式，侧重于设计思想和建造过程的模块化[141]，装配式建筑是典型的模块化建筑。

集成建筑，是指通过工厂预制墙体、屋面等构件或部品，在施工现场将模块单元组装为整体的建筑，以钢结构为代表，属于模块化建筑的一种。集成建筑的特点是可拆装、可移动、不破坏土地且可重复利用，因此又称为可移动或可多次拆装建筑[142]。与装配式建筑相同之处是构配件或部品单元在工厂预制和在现场组装，区别在于集成建筑表现为临时性与周转性，而装配式建筑为永久性。

工业化建筑（主要针对民用建筑）的基本特征是标准化设计、工厂化制作、装配化施工、一体化装修、信息化管理和智能化应用，体现了工业化建筑在生产方式上的主要内容。工业化建筑侧重于包括设计、构件预制及现场装配施工等整体生产方式的工业化，主要包括模块化建筑和现场工业化建筑[136]，前者受气候约束小、产品质量好，适用于住宅、学校、工业厂房等批量建造的建筑，后者模板使用灵活，结构整体性好，适用于多层和高层建筑。

根据《智能建筑设计标准》GB/T 50314—2015，智能建筑是以建筑物为平台，基于对各类智能化信息的综合应用，集架构、系统、应用、管理及优化组合为一体，具有感知、传输、记忆、推理、判断和决策的综合智慧能力，形成以人、建筑、环境互为协调的整合体，为人们提供安全、高效、便利及可持续发展功能环境的建筑。数字建筑是数字技术驱动的建筑行业业务战略，基于多种信息技术引领产业转型升级，形成建造全过程数字化的生态体系[143]。智慧建筑是智能建筑和数字建筑发展的更高目标，是以物联网、云计算及大数据等互联网技术为依托，提供安全高效、环境舒适、能耗更低的新型建筑生态模式[144]。装配式建筑的特征包括智能化应用，但重点仍在建造过程，智能建筑、数字建筑和智慧建筑的概念则更加强调用户体验。

　　基于《节能减排"十二五"规划》，绿色建筑是指在建筑全生命周期内，最大限度地节约资源、保护环境和减少污染，为人们提供健康、适用和高效的使用空间，与自然和谐共生的建筑。装配式建筑有助于实现绿色建筑的目标，而绿色建筑更侧重于建造全过程的节能减排和环境效益[145,146]。

　　基于上述分析，装配式建筑及其相关概念的关系可以由图 2-3 表示。

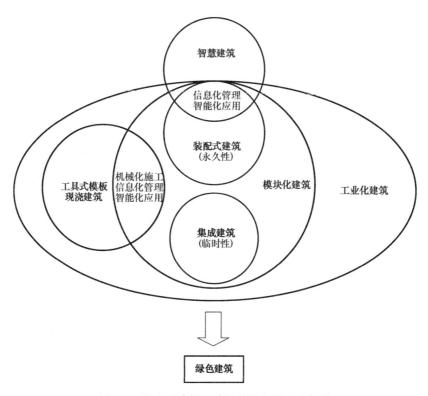

图 2-3　装配式建筑及其相关概念关系示意图

　　（3）装配式建筑技术体系、结构体系与标准体系。基于百度百科对工业化体系建筑的定义，根据预制构件的适用程度，装配式建筑技术体系分为专用体系和通用体系两类，前者具有一定设计专用性和技术先进性，适用于某一地区或某一类型建筑，后者是建筑所需的构配件和节点构造可互换通用的技术体系，利于规模复制和推广，大幅降低建造成本。现阶段，我国装配式建筑技术体系主要表现为"吸收引进后调整创新"，引进的技术体系有法国的世构体系、澳大利亚"全预制装配整体式剪力墙结构（NPC）体系"、德国"双皮墙体系"等[147]。此外，装配式建筑领先型企业自主研发的技术体系，包括万科和远大住工内浇外挂体系、中南集团 NPC 体系、宇辉集团剪力墙体系以及中建 MCB 体系等。这些技术体系大多适用于特定地区或项目，体系之间传播复制成本高，不利于装配式建造技术的扩散和通用技术体系建立，制约装配式建造整体效益。

按照建筑材料划分，我国装配式建筑主要采用钢结构、混凝土结构和木结构三种形式。钢结构体系具有自重轻、延性高、结构抗震性能好、绿色环保等特点，在材料回收、预制化生产方面优势明显，且很好地解决了我国钢材产能过剩问题，但耐火性和耐腐蚀性较差，抗剪刚度不足，限制其在住宅（尤其高层）市场的规模推广。木结构体系围护结构与支撑结构相分离，具有隔热保温、隔声等特点，在加拿大应用较多，主要用于别墅及低层住宅建造，我国人口密度大，森林资源缺乏，且在防火、防潮及防虫害方面存在缺陷，木结构体系不适宜城市高层住宅的使用[148]。装配式混凝土结构是指部分或全部主体结构使用预制混凝土构件，构件间通过节点连接而成，自重大、刚度高、防火及防腐蚀性能好，易于预制化生产和机械化施工，在我国装配式建筑市场占据主导地位。装配式混凝土结构体系根据纵向承重构件的不同，划分为框架结构体系、剪力墙结构体系及框架-剪力墙结构体系三类[149,150]，其主要类型及特点分析见表2-1。

装配式混凝土结构体系主要类型及特点分析　　　　　　　　　　表2-1

结构体系	主要预制构件	主要特点	适用范围	典型技术体系	典型地区	典型项目
框架结构	预制柱、叠合梁、叠合板、预制外墙板、预制楼梯、预制/叠合阳台等	无承重墙体，内部空间布置灵活；现场吊装方便；高度受限	一级抗震设防烈度：8度 结构高度：45m	世构体系（法国）；日本鹿岛体系	深圳、上海、南京、辽宁、河北	沈阳万科春河里17号楼、香港理工专上学院红磡湾校区
剪力墙结构	预制剪力墙、预制外墙板、预制/合阳台、叠合板、预制楼梯等	室内规整，无梁柱外露，但无法自由变化；工业化程度较高，施工难度大	一级抗震设防烈度：8度 结构高度：100m	大板体系；北京万科预制外墙体系	上海、江苏、北京、安徽、黑龙江、吉林	万科长阳半岛、地杰国际城B街坊（二期）、沈阳万科春河里
框架-剪力墙结构	预制柱、预制剪力墙、预制外墙板、叠合板、叠合梁、预制楼梯、预制/叠合阳台等	内部空间自由度较高，结构抗震性能较好，但施工要求较高	一级抗震设防烈度：8度 结构高度：100m	日本HPC体系；外墙挂板体系	深圳、江苏	南通海门老年公寓、上海浦江基地05-02地块、万科南京南站E-04楼

装配式建筑标准体系，是指在工程建设领域与装配式建筑相关的，按照一定内在联系形成，能够指导装配式建筑设计、生产、施工、安装及内装等建造过程形成的结构合理、内容完善的有机整体[151]，主要分为基础标准、通用标准和专

用标准三类。装配式建筑标准体系的建立是实现装配式建筑的基础保障，不完善的标准体系也被认为是现阶段阻碍装配式建筑发展的主要因素[152]。

综上所述，装配式建筑技术体系是发展装配式建筑的基本支撑[40]，目标是实现装配式建造，形成不同类型的装配式建筑结构体系。装配式建筑标准体系是装配式建筑相关设计、生产、施工及安装等技术的约束性文件，是装配式建筑技术体系形成的前提和保障，同时装配式建筑技术体系是在标准体系指导下的具体表现形式，二者具有一定的对应关系。装配式建筑标准体系的建立与完善，有利于装配式建筑结构体系的优化，为成熟结构体系的广泛应用创造条件。装配式建筑标准体系、技术体系与结构体系的关系可以由图 2-4 表示。

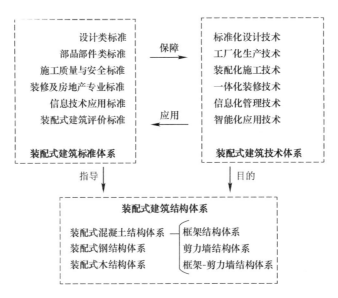

图 2-4　装配式建筑标准体系、技术体系与结构体系关系示意图

2.1.1.2　装配式建造技术定义

民用住宅建筑（尤其是刚需住宅及保障性住房）聚焦功能性与舒适性，个性化需求不高，而近几年我国新型城镇化高速发展，住宅建造效率需求持续增长。同时，居民生活水平显著提高，对住宅品质及生活环境提出新要求[153]，传统建造方式造成的裂缝、渗水等质量缺陷，垃圾、污水排放以及噪声等环境污染问题，促使建筑业供给侧结构性改革加速推进，住宅质量和节能环保需求上升。因此，住宅建筑非常适合采用装配式建造形式。在明确建筑工业化与装配式建筑的定义，及其与相关概念的关系基础上，本书将聚焦装配式混凝土住宅建筑领域，系统探索装配式混凝土住宅建造技术扩散机制与治理策略。由于混凝土结构是我

国住宅建筑的主流形式，以下将"装配式混凝土住宅"简称为"装配式住宅"，将"装配式混凝土住宅建造技术"简称为"装配式建造技术"。

装配式建造技术是装配式住宅技术体系与结构体系形成的基础，是装配式住宅标准体系规范和指导的基本元素。先进成熟装配式建造技术的有效扩散，有助于装配式住宅技术体系及标准体系的建立与完善，加速装配式住宅通用结构体系的形成，促进装配式住宅的发展，实现规模化建造与可持续效益。装配式建造技术受到学术界与工程界广泛关注，但装配式建造技术的定义和内涵尚未明确和统一。

2013 年 1 月 1 日，国务院办公厅在《绿色建筑行动方案》中提出，"推动构件、部品、部件的标准化，加快发展建设工程的预制和装配技术，提高建筑工业化技术集成水平，并积极推行住宅全装修"。2016 年 9 月 27 日，国务院办公厅印发《关于大力发展装配式建筑的指导意见》，提出"坚持标准化设计、工厂化生产、装配化施工、一体化装修、信息化管理、智能化应用，提高技术水平和工程质量，促进建筑产业转型升级"。相关政策及以往研究[40,154]表明，装配式建造技术不是对传统建造技术的单点突破，而是从设计技术、构件生产技术、总装技术及信息技术等多个维度对行业的整体提升，通过建筑、结构、机电、装饰全专业的集成，实现设计-制造-装配一体化，推动装配式住宅发展。

因此，本书提出：装配式建造技术是装配式建筑在建造全生命周期所产生和应用的各类技术的统称，包括标准化设计技术、工厂化预制技术、装配化施工（包括主体施工、机电安装及装饰装修）技术以及信息化管理技术，这些技术有机集成、协同作用，共同影响装配式建造的成本、进度、质量和安全，实现对传统建造方式的变革与升级。

装配式建造技术的协同关系如图 2-5 所示。

预制生产和装配施工是装配式建造的基本属性，依赖于标准化设计实现；装配式建造需满足设计-生产-施工一体化，其本质是协同工作，信息化管理为多主体、多专业、多阶段的高效协同提供可能。装配式建造的各项技术并不孤立，而是相互作用和彼此关联的有机整体。

2. 1. 1. 3　装配式建造技术特征

基于已有研究，由装配式建造技术的定义可知，装配式建造技术具有高度集成性与协同性、较高复杂性与风险性及显著环保性与精益性特征。

（1）装配式建造技术的集成性与协同性。装配式建造技术是设计、生产、施工以及管理技术的有机整体，丰富的内涵体现了装配式建造技术的高度集成性和多专业、多主体、多阶段高度协同性。按照装配式建造技术标准，建筑、结构、

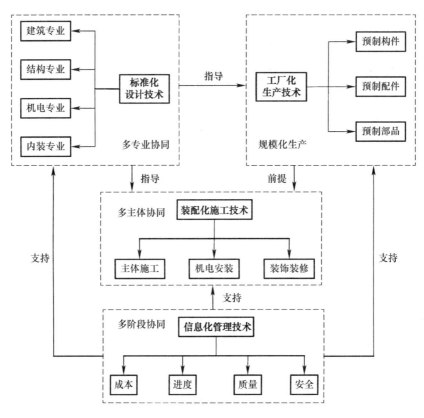

图 2-5 装配式建造各项技术的协同关系

给水排水、暖通、电气、智能化和燃气等专业需相互配合，信息共享，通过模数协调，对装配式建造技术进行集成化、标准化设计，避免资源浪费和成本增加。装配式建造技术涵盖项目建设周期的不同阶段，运用信息化技术手段，促使各个阶段、各个环节的建造技术相互关联、彼此协同，同时，房地产开发企业、设计咨询企业、预制构件生产企业、施工安装企业等众多主体协同实施，共同完成建设目标。

高度集成性与协同性是装配式建造技术显著区别于一般制造业技术与传统建造技术的核心特征，其衍生出复杂性与风险性以及环保性与精益性特征。

（2）装配式建造技术的复杂性与风险性。装配式建造技术是多种建造技术的有机集成，涉及多种专业和多个阶段，且需满足信息化和智能化等要求，技术本身具有很高的复杂性[27,39]，其设计是否超过已有方法或工艺，能否顺利投产并获取稳定的经济效益存在不确定性。同时，装配式建造技术需要多主体参与，在技术实施和统筹管理方面也较为复杂。

我国装配式建造技术的供给企业主要包括专门的预制构件部品生产企业、

具有预制构件部品生产能力的集团型企业以及技术研发能力较强的施工安装企业等。这些企业通过供给预制构件部品，提供相应的技术支持，或以专利交易、合作等形式直接供给装配式建造技术。相对技术采纳企业（任何有需要、有能力引进装配式建造技术的企业）而言数量较少，供求不平衡增加了装配式建造技术的风险性。此外，装配式建筑市场的不完善导致装配式建造技术供求信息不对称，技术采纳企业缺乏对装配式建造技术供给信息的掌握，容易造成技术采纳成本高或潜在风险大。技术供给企业对装配式建造技术需求信息的缺失，导致花费过多精力建立流水线和推广宣传，增加供给成本。

因此，在技术大规模扩散和应用之前，需要充分调研市场行情，进行全面的技术策划，系统论证装配式建造技术的安全性、可靠性及技术经济可行性。

（3）装配式建造技术的环保性与精益性。装配式建造技术在能源与资源节约方面成效显著。已有研究表明，采用装配式建造技术，施工现场模板和脚手架用量分别减少85%和50%以上，钢材与混凝土节约分别达到2%和7%，抹灰工程量节约50%，节水40%以上，节电10%以上，耗材节约40%以上。同时，碳减排约24.31$CO_2/m^2/$年，建筑垃圾降低约69%[10,11]，采纳装配式建造技术具有良好的节能减排效果。

此外，装配式建造技术在降本提效（经济）和工人保障（社会）两方面体现突出的精益性。装配式建造技术要求设计-生产-施工一体化，有效避免返工和浪费，提高建造效率，有利于高效集约的精益建造。采用装配式建造技术可减少建筑用工，降低人工成本。装配式建筑质量稳定，可降低运营维护成本，提升全生命周期效益。装配式建造现场整洁有序，可显著改善建筑工人工作环境，引导建筑工人对工程质量提高标准。同时，钢筋绑扎、混凝土搅拌浇筑等湿作业大幅减少，降低安全事故发生率，进一步提高社会效益。

装配式建造技术的高度集成性和协同性促使其呈现较高的复杂性和风险性，为降低复杂度较高的装配式建造技术的风险性，对集成性和协同性要求更高。同时，高度集成与协同能够产生更大的综合效益，发挥良好的环保性和精益性，为实现精益建造目标，也需要装配式建造技术的高度集成与协同。

2.1.2　装配式建造技术扩散

2.1.2.1　技术扩散定义

（1）技术扩散定义主流观点

技术扩散理论是经济学与管理学研究的经典理论，研究视角不同，技术扩散定义的阐释存在差异，主流观点如表2-2所示。

技术扩散定义的主流观点　　　　　　　　　　　　　表 2-2

研究视角	学者	主要观点
模仿论	Schumpeter	技术创新的大面积或大规模的"模仿"过程实现了技术创新的扩散[40]
	Mansfield	创新采用者越多，潜在采用者越可能采用创新[51]
传播论	Rogers（1995）	技术创新扩散是创新通过一段时间，经由特定的渠道，在某一社会系统的成员中传播的过程[16]
	傅家骥（1999）	技术创新通过一定的渠道在潜在使用者之间传播、采用的过程完成了技术创新的扩散[84]
选择论	Dunning（1983）	国际技术扩散的发生是在不同情境下权宜选择的结果，主要与区位优势有关[109]
博弈论	Reinganum（1981）	技术扩散过程中，技术采纳者与技术供给者的效益会不断发生变化，从而影响各自技术扩散决策[63]
替代论	Sahal（1985）	技术扩散本质是新技术替代老技术的过程[110]

美国经济学家 Clark 将技术创新扩散划分为创新观点扩散、R&D 技术扩散和技术创新实施 3 个部分，技术扩散是指 R&D 技术扩散和技术创新实施。技术扩散与技术创新扩散是两个不同的概念，创新观点扩散与技术扩散共同构成技术创新扩散的完整内涵[111]。但由于创新观点扩散与技术扩散并不割裂，而是伴随发生、相互关联，且技术创新扩散的关键在于技术扩散过程。很多学者对技术创新扩散的研究聚焦技术扩散，并未对二者严格区分[14]。

装配式建造技术具有复杂性与风险性、集成性与协同性特征，企业不可能仅通过创新观点的传播而轻易选择采纳或供给装配式建造技术。装配式建造技术扩散难度远高于创新观点扩散，只有技术供给企业与技术采纳企业完成实质合作（包括共同研发与技术交易）或共享，实现装配式建造技术的采纳和转移，才是一次有效的扩散，而装配式建造技术创新观点的扩散贯穿始终。因此，本书认同技术扩散即技术创新扩散的观点，并全书使用技术扩散的说法。

（2）技术扩散与相关概念的比较

技术扩散与创新扩散。创新扩散主要指新产品、新技术以及创新主体行为等在社会经济系统中的传播[16]。创新扩散内涵比技术扩散广泛，创新扩散的研究方法多数可用于技术扩散，但要结合具体技术特点予以调整。

技术扩散与技术采纳。技术扩散既包括技术供方向潜在采纳者转移的过程，也包括潜在采纳者选择采用创新的决策和技术实施过程。技术采纳着重研究个体首次采用的决策行为以及技术采用后的行为[77]。

技术扩散与技术转移。技术转移是技术从供给方向采纳方转移的动态过程，既可以在地理空间进行，也可以在不同领域、部门之间进行，其实质是技术能力的转移，是有目的的主观经济行为。技术转移通常在采纳方掌握技术后结束。而技术扩散是在市场中所有潜在采纳者都采用技术才停止，时间效应显著[77]。

技术扩散与技术推广。"推广"主要是由政府机构或科研机构执行并完成，是政府的自觉性行为和单向选择。技术扩散是政府和市场共同调控的主体间技术传播的双向过程。技术扩散体现了创新技术成果效应放大的动态过程，技术推广是具体创新技术转化应用的静态过程[77]，多用于政策文件和报告。

2.1.2.2　装配式建造技术扩散本质

在本书，装配式建造技术的扩散主体是指装配式建造技术业务相关、采纳与供给（合称"扩散"）装配式建造技术的企业，即装配式建造技术已经扩散及潜在可能扩散到的相关企业，简称为"装配式建造企业"。装配式建造企业包括技术采纳企业与技术供给企业。技术采纳企业是装配式建造技术的接收方，是对装配式建造技术有需求、但自主研发成本过高或创新能力不足而与技术供给企业达成合作的企业。在装配式建造技术扩散过程中，技术采纳企业在采用装配式建造技术获取利润的同时，也会向其他潜在技术采纳企业传递技术，进一步获取转让收益。技术供给企业是装配式建造技术的提供方，是具备装配式建造技术研发或供给能力的企业，其可以将自主研发或协同创新技术投放至市场进行交易，也可以将已采纳的技术再次扩散。

基于上述分析，本书情境的装配式建造企业包括工程总承包企业（或产业链综合企业）、房地产开发企业、工程咨询企业、预制构件与部品生产企业、设备制造企业、建材能源供应企业、施工安装企业、装饰装修企业及技术研发服务企业等。其中，工程咨询企业具体包括招标代理、勘察、设计、监理、造价咨询、项目管理等企业类型（《国家发展改革委、住房和城乡建设部关于推进全过程工程咨询服务发展的指导意见》对工程咨询企业的最新定义）。

装配式建造企业作为装配式建造技术扩散的主体，在市场调节和政策环境等多重要素驱动下，通过企业之间协同交互，实现装配式建造技术的全面扩散。装配式建造技术扩散主要有两种形式，一是企业间协同创新产生的扩散，二是企业间技术交易产生的扩散，二者都属于广义的合作。因此，装配式建造技术扩散的本质是装配式建造技术在装配式建造企业间的协同，即：装配式建造技术突破企业边界，实现装配式建造企业之间的合作共享，将创新技术从供给者扩散到全行业，属于跨组织技术扩散层面。

2.1.2.3　装配式建造技术扩散与一般技术扩散的区别

装配式建造技术是当前建筑业主流的新型建造技术，具有高度集成性与协同性、较高复杂性与风险性以及显著环保性与精益性，与制造业技术存在本质属性差异，同时是对传统建造技术的重大变革[7,10,11]。因此，与一般制造业技术扩散以及与传统建造技术扩散相比，装配式建造技术扩散呈现其特殊性。

（1）与一般制造业技术扩散的区别。相比于一般制造业技术扩散，装配式建造技术扩散表现为技术扩散效率低且难度大、尚未实现完全市场化、政策干预力度大但监管不完善的特征。

技术扩散效率低且难度大。一般制造业技术直接反映在可移动和易观测的商品中，消费者感知度较高[115]，制造业企业能够及时从市场中获取消费反馈，技术投产周期较短，更新速度快，技术扩散效率高；并且在制造业技术扩散过程中，扩散主体可以是企业也可以是终端消费者，扩散主体类型多元化，技术扩散的全面市场化更容易。然而，建筑产品具有固定性和不可拆卸性，装配式建造技术不易观测，多数消费者不具备建筑专业知识，对技术的敏感性和关注度较低[37]，装配式建造企业无法及时和直接获取消费反馈，技术投产周期较长，更新速度较慢，技术扩散效率低；且消费者对装配式建造技术扩散有影响，却不能成为技术扩散主体，装配式建造技术由于其特殊性只能在企业之间扩散，而当前装配式建造企业数量和规模整体偏低[35]，供求关系不平衡，增加了装配式建造技术扩散难度。

尚未实现完全市场化。制造业技术先进成熟，具备精密的加工生产流水线，供应链完善，能够依靠市场机制有效运行，因此，一般制造业技术扩散是完全的市场化行为，主要取决于技术的实用性、先进程度、采用该技术带来的质量提升或成本降低。在一般制造业技术扩散过程中，政府发挥监督和服务作用，不需要政策特别干预[38,50]。装配式建造技术是环保、精益的新型建造技术，具有实用性和先进性，采用装配式建造技术能够提升质量和效率[2,5]，受到企业认可，具备技术扩散基本条件。一方面，装配式建造技术复杂度较高，尚未达到成熟技术水平，企业采纳装配式建造技术存在较高风险。另一方面，装配式建造技术集成性与协同性要求较高，装配式建筑供应链却不完善，企业间协同关系较弱，市场供求关系不平衡且供求信息不对称，装配式建造成本偏高[36]，导致企业采纳装配式建造技术缺乏主动性，装配式建造技术扩散无法完全依赖市场活动实现[35]。因此，相比一般制造业技术扩散，装配式建造技术扩散尚未实现完全市场化，扩散过程政策干预更多。

政策干预力度大但监管不完善。政策干预对发展装配式建筑意义重大，一方面，装配式建造技术具有显著的环保性与精益性，装配式建筑是实现建筑业可持续发展的重要路径[2]，并能有效解决快速城镇化及劳动成本上升等社会问题[3]，发展装配式建筑是对建筑业转型升级的前瞻性规划，从中央到地方各级政府都在大力推广装配式建筑。另一方面，装配式建造技术扩散无法完全依靠市场机制实现，装配式建筑发展受到制约，政府部门为实现社会整体效益的提升，对装配式建造技术扩散实施较大力度的政策干预[36]，以补贴政策为主，引导和支持装配式建造企业采纳技术，逐步实现市场化扩散。政府在装配式建造技术扩散过程中不仅是监督者和服务者，也是协调者和参与者，政策对技术扩散的介入程度深、强度大。但现阶段政策监管仍然不够完善，不同监管政策的配置不合理，政府财政资源浪费且对企业刺激作用较小，导致政府自上而下推行而企业被动接受，扩散效率较低。此外，政府对于装配式建造指标要求的设置缺乏科学指导，装配式建造资源在企业间分配不合理，装配式建筑整体发展水平较低，且地区间发展不均衡[12]。因此，相比于一般制造业技术扩散，装配式建造技术扩散的政策干预力度大，但目前监管仍不完善，扩散过程还要进一步探索政策配置的优化，比一般制造业技术扩散更加复杂和困难[38]。

（2）与传统建造技术扩散的区别。相比传统建造技术扩散，装配式建造技术扩散的整体效益更优、政策干预更多、协同要求更高。

整体效益更优。一方面，装配式建造技术的采纳有助于装配式建造企业实现精益建造，提高企业自身的全生命周期经济效益（非短期利润），在装配式建造技术扩散过程中，企业间的协同交互进一步提升行业整体经济效益。另一方面，采纳装配式建造技术促使装配式建造企业实现绿色和智能化建造，顺应低碳发展需求，并提高工人安全保障和从业人员综合素质，装配式建造技术扩散过程的环境和社会效益显著。因此，相比传统建造技术扩散，装配式建造技术扩散带来的经济、环境与社会整体效益更优。

政策干预更多。当前阶段，装配式建造技术通用体系尚未建立，规模经济未实现，导致装配式建造成本相对于传统建造方式偏高[36]，短期经济效益存在较大不确定性，多数企业处于被动接受和观望的状态。一方面，装配式建造技术有助于建筑业转型升级，从行业总体效益出发，政府部门会通过监管政策补贴装配式建造企业的建造成本，刺激企业采纳装配式建造技术，加速装配式建造技术扩散。另一方面，装配式建筑作为创新产业，在发展起步期，供应链不完善，市场供求关系不平衡且供求信息不对称，装配式建造技术扩散尚未实现完全的市场化，单纯依靠市场机制，资源无法在企业间得到合理有效的配置，需要政府部门的政策引导与支持。因此，相比于传统建造技术扩散，装配式建造技术扩散过程存在并需要更多的政策干预[81]。

协同要求更高。装配式建造技术是多种建造技术的有机集成，需要通过信息化、智能化手段，将标准化设计技术、工厂化生产技术、装配化施工技术以及一体化装修技术紧密关联，实现设计-生产-装配一体化。高度集成的装配式建造技术需要多主体、多阶段和多专业的协同才能顺利实施。同时，装配式建造技术具有较高的复杂性和风险性，主体间协同能够有效降低技术采纳风险，提高技术扩散绩效。因此，装配式建造技术扩散的协同要求更高，相比于传统建造的边设计、边采购、边施工方式，企业间协同产生的技术扩散能够大幅缩短工期，避免浪费，实现精益建造和显著的可持续效益。

综上所述，装配式建造技术扩散的整体效益更优，装配式建造技术具有先进性和相对优势，具备技术扩散的基本条件和必要性。但装配式建造技术扩散效率低且难度大，尚未实现完全市场化，传统市场化的技术扩散理论无法解释装配式建造技术扩散的非市场化过程，技术扩散理论体系需要进一步丰富。同时，政策干预力度大但监管不完善，装配式建造技术扩散过程需要重点考虑政策干预影响，并协同优化装配式建造企业扩散决策与监管政策配置，装配式建造技术扩散比一般技术扩散更复杂和困难[38]。另外，装配式建造技术监管政策内容的建筑领域特色鲜明，显著区别于一般制造业技术，而政策监管形式相比传统建造技术也具有特殊性，表现为对潜在技术扩散企业以鼓励性政策引导为主，对已经扩散技术的企业则严格执行装配率指标要求，并对装配式建造执行不合格企业实施强制性信用降级与罚款等监管措施，装配式建造技术扩散是对传统政府导向型扩散模式的拓展。此外，装配式建造技术扩散协同要求高，表明装配式建造技术扩散主要通过技术合作实现，需要聚焦装配式建造企业与主要利益相关主体间的协同，包括企业间协同与政企间协同。同时，企业间的合作关系是双向的，但合作强度是多频次的，装配式建造技术扩散网络为无向加权网络，传统技术扩散研究方法需要结合装配式建造技术扩散特征进行选择并改进优化。

基于上述分析，传统技术扩散理论无法完全解决装配式建造技术扩散问题，需要针对装配式建造技术及其扩散特征提供新的理论解释，形成新的研究方法，是一个新的理论研究问题。

2.1.3 技术扩散机制

2.1.3.1 技术扩散机制定义

目前，技术扩散机制的定义与内涵尚无统一标准，但以技术扩散耦合机制最具影响力，且一般认为动力机制与激励机制是技术扩散机制的核心[13,14]。动力机制由技术扩散双方企业的动力、压力要素构成，进一步细分为推动力和牵引力[15]，即技术供给企业和技术采纳企业各自对最大化利益的追求。激励机制能够弥补技术扩散动力不足的问题，主要从政府政策激励角度，调节技术扩散的路径和效果。

技术扩散机制是对技术扩散本质的深度挖掘,揭示技术扩散发生的原因、技术扩散的实现过程以及扩散过程的约束问题[14]。即,通过技术扩散驱动要素识别(技术扩散原因-动力机制),揭示技术扩散的主体决策、路径形成与网络演化过程(技术扩散过程-动力机制),通过政策和市场双重调控(扩散过程约束-激励机制),科学管理技术扩散过程,优化扩散路径并提升扩散效果。

2.1.3.2 技术扩散机制特征

(1)复杂性。技术扩散是一个复杂的技术与经济结合过程[15],技术扩散稳定状态的实现需要技术在系统中充分扩散,通常时间跨度较长,受到市场和政策诸多要素驱动,各要素之间相互影响,交互关系复杂,且存在网络演化效应。技术扩散过程的复杂性决定了技术扩散机制的复杂性。

(2)能动性。技术扩散主体包括技术供给企业和技术采纳企业,对利益最大化的追逐,使其具有主动研发并扩散技术的意愿。企业扩散决策受到内外部诸多要素制约,需要发挥能动性提升扩散绩效。政府部门作为技术扩散重要参与主体,对技术扩散系统性能、技术扩散路径优化以及技术扩散整体绩效提升都发挥显著的能动性。

(3)整体性。技术扩散机制的各构成部分以及各参与主体并不是孤立的,各构成部分的内在要素也并非彼此割裂,而是存在相互补充、促进或制约的关联性,通过协同关系发挥技术扩散机制的合力作用,技术扩散机制具有整体性。

2.2 装配式建造技术扩散机制理论基础

技术扩散理论明确技术扩散内涵及技术扩散系统构成,是深入分析装配式建造技术扩散机制的基础理论。装配式建造技术扩散主体决策机制揭示技术扩散微观机理,博弈论可解决主体决策过程的交互关系及均衡问题,是研究装配式建造技术扩散机制的核心理论。主体决策持续发生,装配式建造技术扩散呈现网络特征,复杂网络理论能解释技术扩散路径形成过程及扩散网络演化机制,是装配式建造技术扩散机制研究的重要理论。

2.2.1 技术扩散理论

2.2.1.1 技术扩散经典理论

自 20 世纪 60 年代,国内外学者从不同角度对技术扩散的过程、模式和模型等开展大量研究,发展成为经典的技术扩散理论,包括传播论、学习论及博弈论等[14]。本书研究问题与技术扩散的传播论与技术扩散的博弈论密切相关。

（1）技术扩散的传播论。传播论在技术扩散研究中最具影响力，Rogers认为技术创新扩散是技术通过一段时间，经由特定的渠道，在某一社会系统的成员中传播的过程。传播论的主要贡献包括三个方面[116]：

创新技术自身特征分析。技术固有属性对技术扩散影响很大。Rogers提出影响技术扩散的5个技术特性，包括相对优势、相容性、复杂性、可试验性和可观察性[116]。装配式建造技术显然具有相对优势、可试验性与可观察性，其扩散难度大主要受相容性与复杂性限制，该特性也是本书研究的重点之一。

技术扩散的信息传播。信息传播渠道包括大众传播和人际传播，前者对采纳难度低的技术或者在潜在采纳者对技术认知时期更重要，后者则对采纳难度大的技术或者在技术采纳说服阶段发挥更大作用。装配式建造技术具有较高复杂性和风险性以及高度集成性和协同性，除了必要的大众传播推广，企业与利益相关主体的交流协同显著影响技术扩散效果。

技术扩散的完整过程。一方面，技术供给者向市场中发布技术供给信息，以尽快回收资金，获得最大化利润。另一方面，潜在采纳者基于不同偏好对创新技术产生主观评价，并结合企业状况、技术特征及外部环境等诸多因素，做出是否采纳技术、如何采纳技术的决策，并择优选择供给者，实现技术扩散。

（2）技术扩散的博弈论。企业间合作与竞争是市场经济的基本特征，技术的供给与采纳过程在市场活动中持续发生，在技术扩散研究中引入合作与竞争因素是必然的。一项新技术在扩散过程中涉及诸多利益相关主体，包括技术供给企业、技术采纳企业、政府、中介机构、消费者等。每个参与主体相当于博弈论中的局中人，局中人的扩散决策都会对其利益相关主体产生影响。他们在决策时，不仅要考虑利益相关主体的决策，还要考虑这些利益相关主体对自身决策做出的反应，不断调整自身的扩散决策。

1981年，英国经济学家Reinganum将博弈论方法应用到技术扩散研究[63]。他认为新技术被投入市场以后，随着采纳新技术的企业数量不断增加，扩散逐步深入，技术扩散双方所获得收益和成本均有所下降，此时存在一个扩散新技术时间的纳什均衡，使得企业损益平衡。Reinganum论证的是技术扩散的单次博弈，缺乏对技术扩散双方多次博弈的策略调整分析，且未考虑不同参与主体异质性，在应用中受到局限，但为后续技术扩散的博弈研究奠定了基础。

博弈论解决了当一个主体的选择受到其他主体选择影响时的决策问题和均衡问题[17,18]，能够从微观层面揭示技术扩散过程，增强技术扩散理论解释力。

2.2.1.2　技术扩散系统构成

董景荣（2008）提出技术扩散系统是由技术扩散源、技术采用者和技术扩散通道3个子系统组成,其具有一定的层次、结构和功能,并与外部环境交互影响[77]。许慧敏(2006)提出在一定条件下,技术带体与技术吸收体及所处环境构成一个技术扩散系统[15],该系统具有开放性与复杂性特征。Rogers(1995)指出,技术扩散系统必须具备4个基本要素,即作为扩散对象的技术本身、技术的信息传播渠道、时间参数以及技术扩散所处的社会系统[16]。杨洁(2018)提出企业技术采纳决策受到采纳主体、采纳客体与采纳环境影响[93]。

综合以往研究发现,技术扩散系统至少包括扩散主体与扩散客体,扩散主体分为技术采纳者与技术供给者,扩散主体在技术扩散过程发挥能动性,通过调整扩散决策影响扩散过程。扩散客体为技术本身,扩散客体的属性特征直接影响技术能否扩散以及扩散速度。任何系统都存在于一定环境中,技术扩散系统的外部环境是技术扩散过程所处的外在条件,包括市场及政策环境,对技术扩散路径及扩散绩效的影响显著。因此,本书提出技术扩散系统包含3个构成维度:扩散主体、扩散客体以及扩散环境。在扩散环境影响下,扩散主体对扩散客体采取不同的扩散决策,直至达到稳定状态,在此过程中产生多样化的扩散路径和演化特征。技术扩散系统构成如图2-6所示。

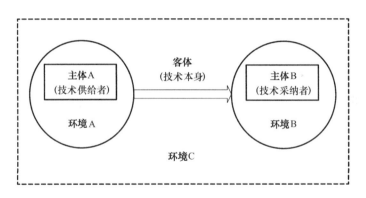

图 2-6 技术扩散系统构成示意图

技术扩散过程由多种扩散渠道同时发挥作用,本书并未在技术扩散系统构成中突出扩散渠道,而将其融入扩散环境考虑。此外,技术扩散是基于时间维度从微观到宏观的涌现过程,时间性是技术扩散的基本属性,本书没有在技术扩散系统构成中将时间参数单独体现。

2.2.2 博弈论

1928 年,匈牙利数学家 Neumann 提出博弈论(Game Theory),并将其系统应用到经济领域。博弈论考虑游戏中的个体预测行为与实际行为,以及它们的优化策略，其基本要素为局中人、策略、收益和均衡。随着研究的深入，博弈论已经发展为一门较完善的学科，是经济学的标准分析工具之一。技术扩散在微观层面表现为主体对技术的扩散决策选择，技术采纳企业通过与其他参与主体的博弈过程，调整并形成对自己最有利的扩散策略。

2.2.2.1 演化博弈

1973 年，英国学者 Smith 提出演化稳定策略概念（Evolutionary Stable Strategy，ESS），标志着演化博弈理论的正式诞生[117]。1978 年，加拿大学者 Taylor 提出模仿者动态（Replicator Dynamic）[118]，是演化博弈理论的又一次突破性发展。演化稳定策略与模仿者动态是演化博弈理论最核心的两个概念，分别表示演化博弈的稳定状态及向该状态的动态收敛过程[68]。

演化博弈的参与主体为有限理性，其无法在初始时刻准确评估损益，并做出最佳决策，需要通过反复学习、试错和调整，逐步达到各博弈方满意的稳定策略集。假设 $d=\{d_1, d_2, \cdots, d_n\}$ 是由 n 个独立个体构成的博弈群体，各博弈方可选择的纯策略集合为 $S=\{s \mid s=1, 2, \cdots, k\}$。在某一时刻 t，选择各种策略的个体在群体中所占比例为 $X=\{x_1, x_2, \cdots, x_k\}$，$U(s=k)$ 表示选择策略 k 的种群收益，则整个群体的平均收益为：

$$\overline{U} = \sum_{i=1}^{k} x_i U(s = i) \tag{2-1}$$

根据生物进化理论，选择各个策略的个体所占比例 x 将随着 t 而改变，其改变速率与该种群规模以及种群收益超过群体期望收益的程度成正比。具体而言，该种群在整个群体中所占比例越大，其影响力越大，该种群的个体数量变化也越快；该种群收益超过整个群体的期望收益越多，该种群优势越明显，其数量增长也越快。种群的个体数量变化率被称为模仿者动态[118]，公式表示为：

$$F(x_k) = dx_k/dt = x_k[U(i = k) - \overline{U}(i = k)] \tag{2-2}$$

式中　x_k——种群 k 在整个群体中所占比例，即博弈主体初始采纳策略 k 的概率；

$U(i=k)$——种群 k 期望收益，即博弈主体选择策略 k 期望收益；

$\overline{U}(i=k)$——种群 k 平均收益，即博弈主体选择策略 k 平均收益。

种群演化的稳定状态，在模仿者动态方程等于零时实现。模仿者动态方程为零的稳定点不唯一，即博弈过程存在多种演化稳定状态，它们的抗干扰能力有所差异。演化稳定策略是其中呈收敛状态的稳定点[119]，能够在动态调整过程中受到少量干扰后自动恢复，均衡具有稳健性。

演化博弈理论适用于具有平等关系的主体博弈策略分析，并且要求博弈各方策略同时做出，适用于本书对装配式建造企业扩散决策形成过程的分析。

2.2.2.2 动态博弈

动态博弈是指博弈主体行动有先后顺序，后行动一方可以观察到先行动一方的策略，并据此做出自身的最优选择，包括完全信息动态博弈和不完全信息动态博弈[69]。1934 年，德国经济学家 Stackelberg 提出一种产量领导模型，认为企业之间存在行动次序区别且满足完全信息的假设，是动态博弈的一种。

在 Stackelberg 模型中，将寡头企业区分为"领导者"与"追随者"两种。前者实力雄厚处于领导地位，后者实力较弱为追随者，市场地位不对称导致决策次序的时间差异。Stackelberg 模型所描述的博弈过程为：领导企业首先选择一个策略，在确定该策略时，领导企业充分考虑追随企业可能做出的反应，并能预期到自身选择对追随企业的影响；追随企业可以观察到领导企业的策略，并根据该策略来决定自己的策略。

纳什均衡在动态博弈中不能排除不可信的行为选择，不是具有真正稳定性的均衡概念。1965 年，德国经济学家 Selten 提出"子博弈完美纳什均衡"概念，解决了动态博弈所需要的均衡问题，是动态博弈分析最核心的概念。子博弈是由一个动态博弈第一阶段以外的某阶段开始的后续博弈阶段构成，有初始信息集和博弈所需要的全部信息，能够自成一个博弈的原博弈组成部分[18]。完美信息的多阶段动态博弈通常具有一级或多级子博弈，动态博弈本身不是自己的子博弈。因此，子博弈完美纳什均衡能够实现在整个动态博弈及其所有子博弈中都构成纳什均衡，是稳定的均衡。

装配式建造技术扩散过程中，政府部门首先发布装配式建筑相关的监管政策，包括多种补贴支持与装配式建造指标要求，并考虑到装配式建造企业对不同政策的反应；装配式建造企业据此做出技术扩散决策，构成先后次序的动态博弈过程，适用于本书对装配式建造企业扩散决策优化过程的分析。

2.2.3 复杂网络理论

著名科学家钱学森提出，复杂网络是指具有自组织、自相似、吸引子、小世界、无标度中部分或全部性质的网络，具有结构类型多、连边及节点差异化、动力学非线性、时空演化等复杂性特征。Watts 和 Strogatz（1998）发表的小世界网络的聚集动力学[101]以及 Barabási 和 Albert（1999）提出的随机网络中标度的涌现[102]，被认为是复杂网络系统研究的开创性成果。复杂网络理论能够很好地解决复杂系统结构与功能的复杂关系问题，是诸多领域的研究热点。

2.2.3.1 加权网络

加权网络一般用集合 $G=(N, W)$ 确定，N 表示网络规模，W 表示网络中节点连边权重。加权网络的连边权重分为相异权和相似权两种[120]。两点间的连边权重越大，两点间的连接关系越疏远，或者两点间距离越大，则称为相异权，多用于描述网络中节点连接的"成本"。两点间的连边权重越大，两点间的关系越紧密，或者两点间距离越小，则称为相似权，应用比相异权更广泛。装配式建造技术扩散网络演化分析，以相似权为标准，即两节点间连边权重越大，所对应的装配式建造企业间的合作关系越紧密。本书研究问题主要使用到节点度与节点强度的概念。

（1）节点度与节点度分布。节点 i 的度指与其直接连接的节点数量，记为 k_i。整体网络平均度为网络中所有节点度的平均值[102]，记为 K，表示为：

$$K = \frac{1}{N} \sum_{i=1}^{N} k_i \tag{2-3}$$

式中　N——整体网络中节点总数。

度分布表示网络中随机选取节点的度为 k 的概率，记为 $P(k)$。

（2）节点强度与节点强度分布。在加权网络中，邻接矩阵的元素表示对应节点间的边权，边权越大，节点间联系的紧密程度越高，边权越小，节点间联系越疏远，边权为 0 表示节点间不存在连接。节点所有连边权重的加和称为节点强度或点权，节点强度集中了节点的邻居信息（与节点 i 存在连边关系的节点称为 i 的邻居）和该节点所有连边的权重。用公式[121]表示为：

$$s_i = \sum_{j \in \Gamma_i} w_{ij} \tag{2-4}$$

式中　s_i——节点 i 的强度；

　　　　j——节点 i 的邻居节点；

　　　　Γ_i——节点 i 的邻居节点集合；

　　　　w_{ij}——节点 i 与邻居 j 的连边权重。

节点强度分布表示网络中任一节点强度为 s 的概率，记为 $P(s)$。

2.2.3.2 链路预测

链路预测是基于复杂网络理论的链路挖掘方法，依据观测到的网络拓扑特征重构已有网络丢失的部分链接或预测未来某时刻网络的潜在链接[122]。链路预测方法有助于理解复杂网络的演化机理，弥补相似度方法准确性不足的缺陷[22]，并能解决复杂网络分析和推荐系统实际应用的重大问题[71]。

（1）链路预测方法。链路预测的实现主要依据网络拓扑信息、节点属性信息或混合信息[123]，目前应用较多的是基于网络拓扑信息，通过相似性指标进行复杂网络链路预测。加权网络常用的相似指标有以下三种：

共同邻居（Weighted Common Neighbors，WCN）[124]。两个节点 x 和 y 共同的好友越多，表明节点相似度越高，它们越可能产生连边。节点 x 和 y 的 WCN 指标 s_{xy}^{WCN} 计算公式如下：

$$s_{xy}^{WCN} = \sum_{z \in \Gamma(x) \bigcap \Gamma(y)} (w_{xz} + w_{zy}) \tag{2-5}$$

式中　$\Gamma(x)$、$\Gamma(y)$——分别为节点 x 和 y 的邻居节点集合；

w_{xz}、w_{zy}——分别为节点 x 和 z 以及节点 z 和 y 之间连边的权重。

Weighted Adamic Adar（WAA）指标[125]。在共同邻居概念基础上，加入连边权重影响，考虑共同邻居的差异性，并强化小度节点的权重。节点 x 和 y 的 WAA 指标 s_{xy}^{WAA} 计算公式如下：

$$s_{xy}^{WAA} = \sum_{z \in \Gamma(x) \bigcap \Gamma(y)} \frac{w_{xz} + w_{zy}}{\log(1 + s_z)} \tag{2-6}$$

式中　s_z——节点 z 的强度，即 $s_z = \sum_{x \in \Gamma(z)} w_{zx}$。

资源分配指标（Weighted Resource Allocation，WRA）[125]。考虑网络中没有直接相连的两个节点 x 和 y，从 x 可以传递一些资源到 y，它们的共同邻居为资源传播的媒介。假设每个媒介都有一个单位资源并且平均分配给它的邻居，则将 y 可以接收到的资源数定义为节点 x 和 y 的相似度。节点 x 和 y 的 WRA 指标 s_{xy}^{WRA} 计算公式如下：

$$s_{xy}^{WRA} = \sum_{z \in \Gamma(x) \bigcap \Gamma(y)} \frac{w_{xz} + w_{zy}}{s_z} \tag{2-7}$$

相似性指标易操作，但准确性不佳，本书通过智能算法优化并提高预测性能，实现装配式建造技术扩散网络内部重连的链路预测。

（2）评价指标。为测度链路预测算法的可靠性，需要评价指标检验算法性能。常用链路预测算法评价的指标有 AUC（Area Under the Receiver Operating Characteristic Curve）[126]、命中率和召回率[127]以及排序分数（Ranking Score，RS）[128]等。AUC 是衡量链路预测算法性能的通用指标[126]，命中率和召回率是反映链路预测算法准确性的重要指标，而排序分数用来刻画链路预测结果的多样性。优质的链路预测算法，拥有较高的 AUC、命中率和召回率以及排序分数。

2.3　装配式建造技术扩散机制的内涵

根据技术扩散理论，结合技术扩散机制的内涵，本书首先明确装配式建造技术扩散要素及其驱动机理，分析装配式建造技术扩散能够自动进行的原因，进一步在核心要素驱动及市场与政策双重调控下，从微观和宏观两个层面，系统揭示装配式建造企业的扩散决策与合作者择优过程，及涌现的网络式扩散路径与网络演化特征，探索装配式建造技术扩散机制各构成部分的运行机理与交互关系，提供具体的扩散绩效提升措施，这与"机制"的理论解释、技术扩散耦合机制以及学者共识的动力机制与激励机制是技术扩散核心机制的观点均吻合[13,14]。因此，本书提出装配式建造技术扩散机制内涵包括紧密关联的 3 个核心内容，即要素驱动机制、主体决策机制与网络演化机制。

2.3.1 装配式建造技术扩散的要素驱动机制

装配式建造技术扩散的主体是装配式建造企业。装配式建造企业由于性质、类型、技术创新、风险偏好等方面存在差异，导致各自的规模实力和社会影响力不同，从而对装配式建造技术供给和采纳的偏好与能力不同，影响行业整体的技术扩散。装配式建造技术能否在企业间发生扩散，技术扩散路径及扩散效果如何，扩散是否可持续等都与装配式建造企业实力密切相关。

技术特征对技术扩散发挥重要作用[16]。装配式建造技术相比传统建造技术，具有显著的节能减排、提效降本等可持续优势，但也由于集成化、智能化等特点使其具有更高的复杂度。当前阶段，装配式建造技术采纳和实施成本相对较高，企业面对市场中的装配式建造技术，会充分考虑装配式建造技术优劣，权衡技术所带来的收益与风险，做出最适宜的扩散决策。因此，装配式建造技术扩散必然受到自身技术特征的制约。

装配式建造技术是装配式建筑在建造全生命周期所产生和应用的各类技术的统称，涵盖设计、生产、施工、装修等不同阶段，需要建筑、结构、给水排水等多专业协同。因此，装配式建造技术扩散是在房地产开发企业、设计咨询企业、预制构件生产企业、施工企业及中介机构等众多市场主体的参与和协同下，受到政府部门的政策调控与公众消费者的感知反馈，从技术供给到技术采纳的完整扩散过程[16]。装配式建造是建筑业转型升级的必然趋势，越早选择装配式建造技术，越有利于获取早期垄断利润，竞争者能够刺激企业扩散装配式建造技术。装配式建造技术存在较高的复杂性，装配式建造企业与供应链上企业的合作及联盟关系，能够有效降低技术采纳和实施风险，增加企业的扩散意愿。由于显著的可持续效益，政府部门为大力发展装配式建筑，提供了很多补贴与支持政策，既减少企业装配式建造的投入，规避装配式建造技术风险，又可以改善政企关系，提升社会影响力，增加企业扩散装配式建造技术的潜在收益。科研院所和行业协会等中介机构的存在，提高了装配式建筑行业供求信息的透明度，提供技术采纳企业与技术供给企业交流合作的平台，并弥补个别企业自主研发能力不足的缺陷，影响企业对装配式建造技术的扩散决策。对于利润导向的装配式建造企业而言，消费者对装配式建筑的认可程度也是需要考虑的因素。

因此，装配式建造技术扩散是个涉及多主体、多阶段、多专业并被市场和政策双重调控的复杂过程，为避免要素冗余或遗漏，需要从系统的角度厘清驱动要素维度划分，确定各维度要素构成，识别其中的核心要素及其驱动机制，深入分析装配式建造技术扩散发生的动因。

2.3.2 装配式建造技术扩散的主体决策机制

根据技术扩散理论及博弈论，技术扩散是微观层面创新技术采纳的主体决策过程[63]，是潜在采纳者决策相互影响、相互作用而产生的宏观涌现现象[17,18]。

技术扩散是从技术供给到技术采纳的完整过程[16]，技术采纳是技术实质性扩散的关键环节，技术供给过程的研究也不可忽略。全面揭示技术扩散的微观机理，需要同时考虑扩散主体的技术采纳决策与技术供给决策。

装配式建造企业作为扩散主体，其对于最大化利益的追逐，是装配式建造技术扩散的根本动力。因此，装配式建造技术扩散，最终取决于装配式建造企业是否供给或采纳（合称"扩散"）技术。装配式建造技术扩散是多主体参与并协同的复杂过程，在微观尺度意味着装配式建造企业的技术扩散决策受到不同利益相关主体的行为影响，包括装配式建造企业间的竞争与合作行为、政府部门的监管行为、中介机构的沟通行为以及消费者购买行为等。装配式建造企业竞争者的技术扩散决策，会加速其选择装配式建造技术，以占据一定市场份额，瓜分垄断利润；合作者的技术扩散决策，会增强其对装配式建筑发展前景的信心，通过合作降低技术风险，确保预期效益。政府部门通过多种激励性政策措施促进装配式建筑的推广，既补贴装配式建造企业的技术投入，又监管其装配式建造指标执行情况。政府部门干预力度越大，越强化装配式建造方式的重要性，"迫使"装配式建造企业做出技术扩散决策，同时，装配式建造企业权衡不同监管政策对企业效益的影响，调整对装配式建造技术扩散决策。中介机构的支持作用越充分，沟通效果越好，对装配式建造企业技术扩散决策越有利。消费者对装配式建筑认可并选择购买，装配式建造企业认为有利可图，便会积极做出技术扩散决策，反之则否。

利益相关主体通过不同参与方式作用于装配式建造企业，影响企业的技术扩散决策，改变装配式建造技术扩散的路径与演化特征。因此，需要结合博弈论方法，剖析利益相关主体参与下装配式建造企业扩散决策的形成与优化过程，探究监管政策影响机理，全面揭示装配式建造技术扩散的主体决策机制。

2.3.3 装配式建造技术扩散的网络演化机制

根据复杂网络理论，现实中个体间的联系并非全耦合或完全随机，而是呈现一定规则的网络拓扑结构，比如小世界或者无标度特征[101,102]。装配式建造技术从供给到采纳完成一次有效的扩散，但单次的链式（一次扩散仅一个采纳者）或放射式扩散（一次扩散有多个采纳者）无法实现整个技术扩散的稳定状态。在诸多要素驱动下，装配式建造企业之间发生竞争、合作、促进、制约等非线性交互作用。将装配式建造企业看作节点，将企业在技术扩散过程中产生的多种联系视为连边，装配式建造技术扩散呈现网络特征。此外，装配式建造技术的供给企业将创新技术投放到市场，潜在技术采纳者数量不唯一且角色不固定，某项装配式建造技术的采纳者可以成为新的供给者，继续链式或者放射式扩散，也可以是其他创新技术的供给者，从而形成装配式建造技术的网络式扩散。复杂的网络式扩散过程，导致装配式建造技术扩散呈现特定的网络拓扑特征，并不断吸引新的装配式建造企业加入网络。

装配式建造技术扩散所形成的扩散网络作为技术扩散的载体[99,100]，为技术在网络内的主体间扩散提供通道。装配式建造技术扩散网络形成后，装配式建造企业既可以选择网络内部的企业合作，也可以吸引网络外部的新企业加入网络，通过选择适宜的合作伙伴，持续地进行扩散决策，实现装配式建造技术扩散网络的不断演化。由于装配式建造企业是在网络中做出扩散决策及进行合作者选择，技术扩散过程必然具有网络特征。

综上所述，装配式建造技术扩散在多要素驱动下，基于装配式建造企业持续发生的扩散决策与合作者择优过程，最终呈现网络特征。因此，需要采用复杂网络理论方法，剖析装配式建造技术扩散的网络演化机制。

2.4 装配式建造技术扩散机制与治理策略研究的理论框架

根据装配式建造技术扩散机制的内涵，明确了装配式建造技术扩散机制的驱动要素、主体决策及网络演化 3 个核心内容，通过对各部分运行机理及交互关系的揭示，探索装配式建造企业与政府部门的管理优化措施，以提升装配式建造技术扩散系统性能，实现完整的装配式建造技术扩散机制与治理策略研究。基于此，本书聚焦装配式建筑领域，将装配式建造企业作为组织单元，以装配式建造技术为研究对象，提出装配式建造技术扩散机制与治理策略研究的理论框架，明确本书研究思路。

装配式建造技术扩散核心驱动要素是微观主体决策与宏观网络演化的动力，

要素驱动机制为主体决策机制与网络演化机制的研究奠定基础，持续发生的微观主体决策是宏观网络形成与演化的前提。装配式建造技术扩散机制各构成部分逐层深入、环环相扣。首先，根据技术扩散系统构成，识别装配式建造技术扩散核心驱动要素，明确装配式建造技术扩散要素驱动机制；其次，将核心驱动要素引入装配式建造技术扩散主体决策过程，通过演化博弈与Stackelberg博弈，分析装配式建造企业的扩散决策形成与优化过程，从微观层面，揭示装配式建造技术扩散主体决策机制；再次，基于装配式建造企业扩散决策，将核心驱动要素引入装配式建造技术扩散网络形成与演化过程，构建两阶段演化模型，从企业择优选择合作者视角，分析装配式建造技术扩散路径的形成，在宏观维度，揭示装配式建造技术扩散网络的演化机制；最后，在装配式建造技术扩散机制的理论研究与实践检验的充分支持下，分别向装配式建造企业和政府部门提出装配式建造技术扩散治理的策略建议，明确装配式建造技术扩散机制的运行。

装配式建造技术扩散机制与治理策略研究的理论框架如图2-7所示。

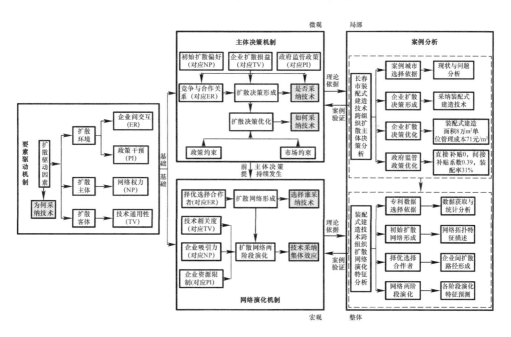

图 2-7　装配式建造技术扩散机制与治理策略研究的理论框架

2.5　本章小结

本章通过装配式建造技术、装配式建造技术扩散及技术扩散机制相关概念界定，提出装配式建造技术是多种建造技术构成的有机整体；揭示装配式建造技术扩散本质，总结技术扩散机制内涵，明确将装配式建造企业作为组织单元，开展装配式建造技术扩散机制研究；分析技术扩散理论、博弈论及复杂网络理论在本书中的适用性，确定装配式建造技术扩散机制研究采用的演化博弈、动态博弈、加权网络演化模型及链路预测算法等工具方法；明确装配式建造技术扩散机制内涵，提出装配式建造技术扩散机制与治理策略的研究框架，为装配式建造技术扩散要素驱动机制、主体决策机制以及网络演化机制的研究奠定理论基础。

第3章

装配式建造技术扩散要素驱动机制

本章根据技术扩散系统构成，识别装配式建造技术扩散驱动要素；提出 3 个维度的 10 个理论假设，构建装配式建造技术扩散要素驱动机制的初始概念模型；通过调查问卷及半结构化访谈等方式，获取 119 家装配式建造企业的实证数据，采用结构方程模型与层次回归分析方法，明确装配式建造技术扩散的核心驱动要素；优化概念模型，采用层次回归分析及基于 Bootstrap 的复杂中介检验方法，深入分析核心要素的驱动机理及交互关系。

3.1 装配式建造技术扩散驱动要素初步识别

3.1.1 装配式建造技术扩散系统构成

根据技术扩散理论，装配式建造技术扩散系统由扩散主体、扩散客体以及扩散环境 3 个维度构成[15,16]。装配式建造技术扩散的主体是装配式建造企业，包括技术采纳企业与技术供给企业。装配式建造企业通过对技术扩散决策以及潜在合作者的选择，影响装配式建造技术的扩散速度和扩散路径，在装配式建造技术扩散过程发挥主观能动性[77]。装配式建造企业具有异质性，企业实力规模与风险偏好的差异，导致其对于装配式建造技术的扩散意愿和能力不同[55]，从而影响行业整体扩散绩效。装配式建造技术扩散的客体是装配式建造技术本身。装配式建造技术具有显著环保性和精益性优势，市场潜力巨大，但由于复杂度较高，装配式建筑通用体系尚未建立，存在技术采纳风险，装配式建造技术的通用程度直接影响其能否被企业接受[37]，而发生实质性扩散。装配式建造技术扩散环境包括市场环境与政策环境两个维度。市场环境主要表现为装配式建造企业与其利益相关者间的协同关系[129]。政策环境即政府部门通过发布装配式建筑相关政策对技术扩散过程实施干预[130]。

综上所述，在市场环境和政策环境双重调节下，装配式建造企业对装配式建造技术做出不同的扩散决策，直至达到装配式建造技术扩散系统的稳定状态，并产生多样化的扩散路径和网络演化特征。

3.1.2 装配式建造技术扩散驱动要素

装配式建造技术扩散环境包括市场环境与政策环境，分别通过市场对利益相关者协同关系的调节与政策对企业扩散决策的干预体现[35,131]，简称为市场调节和政策干预。在市场调节与政策干预的双重作用下，装配式建造技术扩散的短期与长期效益达到均衡，实现较高的装配式建造综合效益。

装配式建造技术具有高度集成性与协同性特征，装配式建造技术扩散本质为组织间的技术协同，相比传统建造技术扩散，装配式建造技术扩散协同要求更高，意味着装配式建造可行性显著依赖于利益相关者间的协同关系。已有研究表明，市场环境是企业与其利益相关者协同关系的外在表现[129]，市场环境主要通过调节装配式建造企业与其利益相关者的协同关系驱动装配式建造技术扩散。装配式建造企业的密切利益相关者包括其他装配式建造企业、中介机构及消费者[35,36]。因此，市场调节通过装配式建造企业与其他装配式建造企业、装配式建造企业与中介机构及装配式建造企业与消费者三方面协同关系体现，即市场调节维度可细分为企业-企业交互（简称"企业间交互"）、中介机构-企业交互（简称"中企交互"）及消费者-企业交互（简称"消企交互"）3个要素。政策干预即政府通过装配式建筑监管政策干预装配式建造企业的扩散决策，从而驱动装配式建造技术扩散。网络权力作为装配式建造企业在扩散网络中综合实力的外在表现[132,133]，技术通用性作为装配式建造技术主要特征[37]，分别用来表示装配式建造技术扩散系统中的扩散主体与扩散客体，对装配式建造技术扩散发挥差异化的驱动作用。

基于上述分析，装配式建造技术扩散受市场调节（包括企业间交互、中企交互和消企交互）、政策干预、网络权力与技术通用性的共同驱动作用。这些要素对装配式建造技术扩散驱动作用是否显著？各自的驱动机制如何？不同要素之间存在什么关系？这是装配式建造技术扩散机制研究首要解决的问题。对于装配式建造企业而言，装配式建造技术扩散绩效（包括经济绩效、社会绩效和环境绩效）越高，越会促使其采纳/供给装配式建造技术，从而加速装配式建造技术扩散。因此，本书通过企业"扩散绩效"（Diffusion Performance）来反映装配式建造技术扩散的效率与效果，记为DP，其本质是组织间技术协同为装配式建造企业带来的经济、环境和社会总收益，不同类型装配式建造企业都可通过扩散绩效测度各自的技术扩散效果。

3.2 装配式建造技术扩散要素驱动机制理论分析

3.2.1 要素驱动机制的理论假设

3.2.1.1 扩散环境

（1）市场调节

企业间交互。任何企业的经营活动都与所在的市场环境密不可分，企业生存与经营绩效通常取决于与其他企业的交互关系[129]。技术扩散理论认为，市场环境对技术扩散速度发挥重要作用[50]，企业通过与其他企业（包括竞争者与合作者）的交互促进企业销售业绩以及利润水平的可持续增长。高效合作与良性竞争带来的营销创新能够降低企业的运营成本，促进新市场的发展。本书将装配式建造企业与其他装配式建造企业的交互关系，或其他装配式建造企业对装配式建造技术扩散的影响，称为"企业间交互"（Enterprise-enterprise Relationship），记为 ER。

装配式建筑持续推进，装配式建造企业不断与其他企业发生交互关系，形成装配式建造技术扩散网络，进一步支持相关知识、信息与技术的共享[134]。装配式建造可行性依赖于企业之间的协同，企业间交互是驱动装配式建造技术扩散的重要因素。首先，装配式建造企业通过与供应链企业的纵向合作，获取设备、机械、材料等装配式建造资源，并借鉴合作企业管理模式，提升自身装配式建造能力。当越来越多的供应链企业响应新型建造和转型升级要求，生产并供给装配式建造施工机械及预制构配件时，会促使装配式建造企业对装配式建造技术带来的预期利润有信心[135]，在很大程度上引导装配式建造企业采纳并实施装配式建造技术，加速装配式建造技术扩散。其次，装配式建造企业与同行企业的横向合作，如开发企业之间或施工企业之间的合作，能够在装配式建造技术资金、专业知识、人才及管理等方面优势互补。与装配式建造技术的自主研发相比，企业间合作能够分摊技术与资金风险，降低交易成本，促进装配式建造技术的快速扩散。反之，如果合作者数量很少或者企业之间合作关系不佳，装配式建造企业则无法及时获取装配式建造技术的最新信息和资源，技术扩散效果较差甚至扩散失败[35]。此外，装配式建造企业与竞争企业的交互，促使其密切关注竞争对手的装配式建造技术成果，借鉴成熟先进技术，完善自身技术体系。良性竞争是市场调节有效性的重要特征，有助于装配式建造企业做出扩散决策，提升装配式建造能力和技术扩散绩效。因此，良好的企业间交互促进装配式建造技术扩散。

基于上述分析，提出假设 1：企业间交互对装配式建造技术扩散有显著驱动作用。

中企交互。中介机构是指在装配式建造技术扩散过程中为装配式建造企业提供专业化服务的组织，服务内容包括技术、知识、信息和资金等[136]。研究表明，中介机构（比如科研院所）是知识产生与扩散的主要来源[137]。中介机构与装配式建造企业之间的交互关系，或中介机构对装配式建造技术扩散的影响，称为"中企交互"（Agency-enterprise Relationship），记为 AR。在装配式建造企业扩散和实施装配式建造技术时，需要资金、技术和人才的支持或者交流合作平台的搭建，科研院所、装配式建筑行业协会及金融机构等能够提供这些中介服务[138]。装配式建筑行业协会为装配式建造企业搭建与其他企业合作的平台，通过技术交流共享，提高彼此对装配式建造前沿技术的了解和参与度，鼓励装配式建造企业采纳装配式建造技术，扩大装配式建造技术扩散范围，提升装配式建造技术扩散的行业整体绩效。金融机构通过对装配式建造企业予以贷款贴息等资金支持，有效减少企业资金占用，提高技术采纳主动性，加速装配式建造技术扩散。因此，良好的中企交互促进装配式建造技术扩散。

基于上述分析，提出假设 2：中企交互对装配式建造技术扩散有显著驱动作用。

消企交互。公众消费者是装配式建筑产品的终端使用者[139]。消费者对装配式建筑的需求是装配式建造企业采纳装配式建造技术的重要动力。本书将消费者与装配式建造企业之间的交互关系，或消费者对装配式建造技术扩散的影响，称为"消企交互"（Consumer-enterprise Relationship），记为 CR。当前阶段，我国装配式建造成本相对传统建造方式偏高，装配式建造企业需要掌握消费者关于装配式建筑的消费能力与消费意愿，以调整建筑产品售价，优化营销方案和商业模式，保证企业经济效益[115]。装配式建筑具有节能减排和保护环境的优势[37]，随着公众低碳意识的逐渐增强，迫使装配式建造企业及时消除不满足市场需求的粗放建造方式，选择节能环保的装配式建造技术，改善与公众关系，提升社会影响力，实现扩散绩效的提升。因此，良好的消企交互能够获得准确及时的消费者需求，装配式建造企业针对消费者反馈的消费能力、消费意愿和消费认可，调整建筑产品售价和产品配置，优化营销方案及与公众关系，提升装配式建造企业在技术扩散过程中的综合收益。

基于上述分析，提出假设 3：消企交互对装配式建造技术扩散有显著驱动作用。

（2）政策干预

制度理论认为，政策环境是影响企业经济与社会活动的关键因素[130]。当前我国装配式建筑尚处于探索阶段，存在初始技术投入高、技术体系不完善以及成熟技术得不到有效扩散等问题[131]。由于采纳和实施装配式建造技术的短期经济效益不显著，装配式建造企业扩散装配式建造技术的主动性较低。在我国大部分地区，无法单纯依靠市场调节推动装配式建造技术的扩散，但由于装配式建造环境效益和社会效益显著，是实现建筑行业可持续发展目标的重要途径[2]，需要装配式建造企业关注长远综合效益选择扩散装配式建造技术，而非追求短期经济利益，这对利润驱动的企业是困难的，政府需要通过适宜的监管政策引导装配式建筑市场有效运行。政府干预调整装配式建造资源与创新技术在市场中的配置，降低技术扩散不确定性，优化装配式建造技术扩散路径，加强扩散深度和广度。本书将政府部门通过政策工具对装配式建造企业扩散决策的介入称为"政策干预"（Policy Intervention），记为 PI。

制度压力包括监管压力、规范压力和模仿压力[140]。在我国政府建设管理部门发布的装配式建筑监管政策中，制度压力体现在鼓励性政策与强制性要求两方面。为了促进装配式建造技术扩散，大力发展装配式建筑，政府部门采取许多鼓励性政策措施为装配式建造企业提供支持，包括直接财政补贴、科研基金与人才支持、容积率奖励以及与装配式建造相关的快速审批服务等，降低装配式建造企业采纳技术的成本与风险。在享受政府政策补贴的同时，装配式建造企业还需要满足强制性要求，包括底限装配率或预制率要求、装配式建造面积比例及土地用途限制等。这些强制性政策"迫使"装配式建造企业为获取土地使用权而选择装配式建造技术，同时对企业的装配式建造指标执行情况予以监督，提高装配式建造技术扩散的有效性。因此，不论是鼓励性政策还是强制性要求，政策干预都可促进装配式建造技术扩散。

基于上述分析，提出假设 4：政策干预对装配式建造技术扩散有显著驱动作用。

在市场活动中，政府部门通过装配式建筑监管政策刺激装配式建造企业选择扩散决策，调整企业间交互关系，而企业间交互也反作用于政府部门对装配式建筑的监管[141]。这是因为，市场调节下良好的竞争与合作关系表明装配式建造企业在行业内具有重要影响力，政府部门可以对这些企业予以资源倾斜和政策引导，实现装配式建筑推广目标。一方面辅助其装配式建造人才培育，加速装配式建造相关事项审批效率，提高潜在经济效益；另一方面促使其成为行业标杆，成立国家级住宅产业化基地和装配式建筑产业基地，发挥辐射示范作用，带动追随企业加速扩散装配式建造技术。此外，具有较强专业知识、较高声望及话语权的装配式建造企业能够参与装配式建造技术相关标准、规范的制定，协助政府部门完善装配式建造技术体系，有助于装配式建造政策目标的实现。因此，装配式建造企业间的交互关系影响监管政策制定，监管政策基于市场环境调整完善，并进一步驱动装配式建造技术扩散。

基于上述分析，提出假设 5：企业间交互对政策干预有显著驱动作用。进一步提出假设 6：政策干预对企业间交互与扩散绩效的关系发挥显著的中介作用，即企业间交互对扩散绩效的驱动（至少一部分）通过政策干预起作用。

政策干预与市场调节在技术扩散中都发挥重要作用。在成熟市场中，政府普遍削弱政策干预，而以市场调节主导技术扩散。当前我国装配式建筑处于探索阶段，装配式建筑供应链不完善，市场调节以企业间交互关系为主，无法实现自我监管，迫使政府部门加强行政措施，以支持装配式建造技术扩散。因此，在考虑全国范围（包括发达和不发达地区）的平均水平时，政策干预对装配式建造技术扩散的驱动作用比市场调节更显著。

3.2.1.2 扩散主体

装配式建造企业是装配式建造技术扩散的主体，也是市场调节与政策干预的对象。装配式建造企业特征由企业综合实力体现[142]，市场中实力强劲的企业越多，表明市场调节效果越好，越有利于装配式建造技术扩散。

复杂网络遍布社会与经济生活，促使复杂网络理论受到广泛关注，在诸多领域得以应用[143]。网络环境中，装配式建造企业主动或被动地嵌入各种复杂网络[144]，包括装配式建造技术扩散网络。根据资源依赖理论，网络中任意企业间的资源依赖关系会导致其中某一企业权力高于其他企业[142]。这种权力因资源依赖而产生，并调整企业对网络中其他企业的控制力与影响力，称为"网络权力"（Network Power），记为 NP。企业对其他企业的控制力可以约束其他企业的行为，并形成网络规范，影响技术扩散的速度和深度。而企业对其他企业的影响力能够促使其发挥示范和辐射作用，增强企业间的协同关系。已有研究发现，企业网络权力有利于其获取资源优势，加强企业技术创新能力[145]，提升在技术合作中的话语权以及行业内的地位，是企业综合实力的一种外在表现[132]。

网络权力作为装配式建造企业在扩散网络中地位的重要特征，对装配式建造技术扩散绩效有显著驱动作用。装配式建造企业差异化的网络权力意味着获取装配式建造技术最新信息和优势资源的机会不同。网络权力较高的装配式建造企业在网络中拥有更高的控制力和影响力，获得先进技术和知识资源的机会更多[146]。装配式建造企业网络权力越大，越容易成为装配式建造技术扩散网络中的核心企业，当其采纳装配式建造技术时，可以引导网络权力较小的追随企业或者边缘企业自发性采纳和实施，促进装配式建造技术扩散[147]。此外，网络权力较大的装配式建造企业拥有较高的威望和话语权，他们以正式或非正式、明显或隐含的形式干预其他企业的技术扩散决策[19]。这些装配式建造企业还会参与制定技术标准和相关规范，优化与政府部门关系，增加潜在获利机会。装配式建造企业还可以借助较高的网络权力成立技术联盟，增加竞争对手的压力，提升自身装配式建造能力和技术扩散绩效。因此，网络权力越大，装配式建造企业扩散绩效越高，越能加速装配式建造技术扩散。

基于上述分析，提出假设 7：网络权力对装配式建造技术扩散有显著驱动作用。

优化装配式建造企业与其他企业间的交互关系，能够发展并完善多元化的合作关系，有利于装配式建造企业获得合作者的信任和认可。首先，进一步稳固既有的合作关系，吸引更多拥有高新技术和优质产品的潜在合作者，扩大装配式建造技术扩散范围，促使装配式建造企业在交流合作中深入了解，强化合作，构筑技术和战略联盟，扩大市场影响力[146]。通过企业间交互关系的优化，促使装配式建造企业在扩散网络中占据有利位置，提升其在行业中的影响力[148]。其次，获得彼此专业化的技术和资源支持，在人才引进与交流方面获得潜在收益，加强对先进装配式建造技术信息的敏感度，及时更新技术体系，降低技术风险与建造成本，从而对竞争企业产生冲击，获取更多利润。此外，良好的企业间交互关系能够显著提升装配式建造企业的潜在收益，保持装配式建造企业可持续增长的综合实力。因此，企业间交互能够提升装配式建造企业在扩散网络中的影响力，使其拥有较大的网络权力，进一步提升装配式建造技术扩散绩效，促进装配式建造技术扩散。

基于上述分析，提出假设 8：企业间交互对网络权力有显著驱动作用。进一步提出假设 9：网络权力对企业间交互与扩散绩效之间的关系发挥显著的中介作用，即企业间交互对扩散绩效的驱动（至少有一部分）是通过网络权力实现的。

政策干预对装配式建造企业网络权力的影响与很多因素有关，比如政府部门支持或压制的态度，而监管政策是具有普适性和通用性的，通常不会为个别企业单独调整，导致政策干预对装配式建造企业网络权力的影响程度不确定。装配式建造企业的网络权力在现有政策扶持下，会得到一定的加强和提升，但能否产生正向效应或持续增长还受到市场活动的检验与消费者的认可，造成政策干预对装配式建造企业网络权力的影响方向不确定。在政策干预对企业网络权力影响的双重不确定性下，其通过网络权力对装配式建造技术扩散绩效的间接影响则更加复杂，简单推断政策干预越多企业网络权力越强（或越弱）不合理，本书没有贸然假设网络权力对政策干预与扩散绩效关系发挥的中介作用。

3.2.1.3 扩散客体

装配式建造技术扩散的客体是装配式建造技术。技术特征影响装配式建造企业采纳技术的决策，是装配式建造技术扩散发生的重要原因[16]。技术特征主要包括相对优势、兼容性及复杂性[116]，其中兼容性与复杂性都表现为技术的通用水平。装配式建造技术具有显著环保性与精益性，能够实现建筑业转型升级，相对传统建造技术具有相对优势。技术的通用水平是体现装配式建造技术发展成熟度的关键指标[37]，其决定了技术扩散的速度和深度。本书将技术通用水平简称为"技术通用性"（Technical Versatility），记为 TV。

装配式建造技术通用性越高，意味其包含的隐性知识越少[149]，复杂度越低，能够降低技术采纳、实施和管理的成本与风险。现阶段，装配式建筑技术体系处于探索阶段[131]，呈现以核心企业为主导、多种技术体系并存的状态，装配式建筑的规模生产和规模效益无法实现[35]。技术通用性有助于增加采纳和实施装配式建造技术的企业数量，促进装配式建筑通用技术体系的建立，加速装配式建造技术扩散。同时，装配式建筑不同技术体系的来源不同，只有较高的技术通用性才能降低技术体系之间的传播和复制成本，增加装配式建造企业的预期利润，提升装配式建造技术扩散绩效，对装配式建造技术扩散产生驱动作用。然而，过高的技术通用性，会大幅降低企业进入装配式建筑行业的门槛，市场中采纳和实施装配式建造技术的企业数量增多，装配式建造企业获得超额利润的机会变小，影响装配式建造企业的扩散绩效。因此，技术通用性对扩散绩效直接影响的程度和方向存在不确定性，本书没有提出技术通用性对扩散绩效的直接驱动作用假设，但在实证分析中进行了探索。

装配式建造技术从粗糙到完善、从少数人掌握到全行业通用的实现，离不开市场活动中企业与其他企业间的交互关系。不论是自主创新还是引进创新，装配式建造企业都需要通过合作实现优势互补，提高竞争力，以适应装配式建筑市场需求，提高装配式建造技术的扩散绩效。装配式建造企业与其他企业间的良好协同有助于在不同领域获得新技术和新知识[150]。较高的技术通用性能够简化新知识和新技术的获取[151]，降低交易成本并提高扩散效率，加速装配式建造技术扩散。而较低的技术通用性则会增加装配式建造企业对新技术和新知识的使用难度和成本，降低效率，制约装配式建造技术扩散。因此，技术通用性越高，企业间交互对装配式建造技术扩散的驱动作用越显著，即技术通用性正向调节了企业间交互与扩散绩效之间的关系。

基于以上分析，提出假设 10：技术通用性对企业间交互与扩散绩效之间的关系发挥显著的正向调节作用，即技术通用程度越高，企业间交互对扩散绩效的驱动作用越大。

3.2.2 要素驱动机制初始概念模型

市场调节与政策干预能够促进装配式建造技术扩散的短期效益与长期效益的

平衡，实现技术扩散的可持续。装配式建造企业的网络权力以及装配式建造技术的通用性，分别作为扩散主体与扩散客体的主要表现形式，对装配式建造技术扩散产生不同的驱动效果，并在企业间交互与扩散绩效之间的关系中发挥差异化的间接作用。装配式建造技术扩散驱动要素汇总如表 3-1 所示。

装配式建造技术扩散驱动要素汇总表　　　　表 3-1

目标	维度	子维度	驱动要素	变量符号
扩散绩效	扩散环境	市场调节	企业间交互	ER
			中企交互	AR
			消企交互	CR
		政策干预	政策干预	PI
	扩散主体	企业特征	网络权力	NP
	扩散客体	技术特征	技术通用性	TV

基于 3.2.1 节的理论分析，提出装配式建造技术扩散要素驱动机制的初始概念模型，如图 3-1 所示。

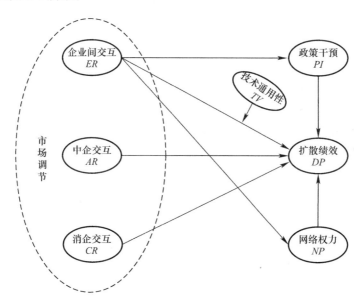

图 3-1　装配式建造技术扩散要素驱动机制初始概念模型

具体来说，扩散环境（包括市场调节和政策干预）对扩散绩效具有显著的驱动作用，对应变量关系为 ER、AR、CR 及 PI 对 DP 具有显著的驱动作用（假设 1、假设 2、假设 3 及假设 4）；政策干预对企业间交互与扩散绩效间的关系存在显著的中介作用，对应变量关系为 PI 对 ER 与 DP 间关系存在显著的中介作用（假设 5 及假设 6）。扩散主体（企业网络权力 NP）对扩散绩效 DP 具有显著的驱动作用（假设 7），并在企业间交互 ER 与扩散绩效 DP 间的关系中发挥显著的中介作用（假设 8 及假设 9）。扩散客体（技术通用性 TV）在企业间交互 ER 与扩散绩效 DP 间的关系中发挥显著的正向调节作用（假设 10）。

3.3　装配式建造技术扩散核心驱动要素

3.3.1　数据获取与可靠性验证

3.3.1.1　实证数据获取

（1）问卷调研过程。已有装配式建筑影响因素分析多为定性研究和案例研究，实践指导意义有限，急需普适性的定量分析。基于调查问卷的实证研究方法是当前管理学定量研究中最常用的方法之一[152]，可将研究目标转化为具体问题，以低成本获得高质量的研究成果，被广泛应用于各领域影响因素研究[153]，尤其适用于统计数据缺乏的装配式建造技术扩散研究情境。

本书调查问卷的实施过程分为 6 个阶段：①调查对象是在中国不同地区专业从事或部分使用装配式建造技术的装配式建造企业；②受访者主要面向负责装配式建造技术采纳决策的高层和中层管理人员，以及影响装配式建造技术采纳决策的技术人员与研发人员（不包括现场施工人员）；③抽样期为 3 个月，即 2018 年5 月至 2018 年 8 月；④通过新媒体与互联网公开数据，获取装配式建造企业的初步信息，验证其已经采纳或实施装配式建造技术。通过合作项目、工作关系、电话、电子邮件以及实地访谈等多种渠道，确定可以进一步调研访谈的装配式建造企业；⑤基于文献分析与半结构化访谈，设计调查问卷，事先与 30 名装配式建筑的从业者进行预试验。修正个别模糊化或容易引起歧义的措辞，并根据初步收集的数据，进行调查问卷的验证测试[154]，包括难易指数 Facility Index（FI）及判别系数 Discrimination Coefficient（DC），完善问卷题项；⑥将完善后的调查问卷正式分发，并在约定时间收回问卷。

（2）调查问卷内容。本书设计的调查问卷分为 4 个层次。第一层是研究对象和内容维度，包括装配式建造技术扩散、扩散环境、扩散主体及扩散客体。第二层为相应维度下的子维度，分别为扩散绩效、市场调节、政策干预、装配式建造企业特征与装配式建造技术特征。第三层对应的 7 个驱动要素分别为扩散绩效、企业间交互、中企交互、消企交互、政策干预、网络权力及技术通用性，用来反映和解释上层构造。在第四层，设置 27 个题项紧密关联于上层的 7 个变量，具体如表 3-2 所示。

装配式建造技术扩散驱动要素的指标构成表 表 3-2

维度	子维度	变量	题项/指标	来源
装配式建造 技术扩散	扩散绩效	扩散绩效 DP	DP1 经济绩效	参考文献［155］
			DP2 环境绩效	
			DP3 社会绩效	
扩散环境	市场调节	企业间交互 ER	ER1 合作关系	参考文献［55］、［150］； 半结构化访谈
			ER2 竞争关系	
			ER3 合作强度	
			ER4 合作时间	
			ER5 合作质量	
			ER6 合作频次	
		中企交互 AR	AR1 技术合作研发	参考文献［79］； 半结构化访谈
			AR2 合作中介数量	
			AR3 技术支持力度	
			AR4 伙伴关系	
		消企交互 CR	CR1 消费能力	参考文献［139］、［156］； 半结构化访谈
			CR2 消费意愿	
			CR3 消费认知	
	政策干预	政策干预 PI	PI1 政策及时性	参考文献［139］、［156］； 半结构化访谈
			PI2 强制性要求	
			PI3 鼓励性政策	
			PI4 支持力度	
扩散主体	装配式建造 企业特征	网络权力 NP	NP1 模仿难度	参考文献［157］
			NP2 行业影响力	
			NP3 声望或话语权	
			NP4 技术领先性	
扩散客体	装配式建造 技术特征	技术通用性 TV	TV1 操作复杂度	参考文献［149］； 半结构化访谈
			TV2 通用接口	
			TV3 实施成本	

本书调查问卷的所有题项是基于五级 Likert 量表体系（个别客观指标需要针对性的信息填写）。问卷填写人员对量表选项从 1 到 5 打分，1 表示非常不同意，2 表示比较不同意，3 表示中立，4 表示比较同意，5 表示非常同意。

（3）数据收集。现阶段，我国装配式建筑发展呈现地区分布不平衡特征[12]，《关于大力发展装配式建筑的指导意见》指出，京津冀、长三角、珠三角三大城市群为装配式建筑重点推进地区，常住人口超过 300 万城市为积极推进地区，其余城市为鼓励推进地区。重点推进和积极推进地区的城市装配式建筑发展氛围良好，整体发展水平差距不大，在装配式建筑市场成熟度、政策干预力度、装配式建造企业数量与规模实力、技术创新水平等方面具有可比性，对反映我国装配式建造技术扩散现状具有代表性。而鼓励推进地区的城市装配式建筑发展相对落后，甚至并不适宜大力发展装配式建筑，不适用于本书研究情境。因此，实证研究主要面向装配式建筑重点推进地区及积极推进地区的城市，以此调研数据得到的驱动要素分析结果与现实吻合。

装配式建造技术是涵盖多专业、多阶段和多主体的多种建造技术的有机整体，且装配式建造企业的技术创新能力不同，对装配式建造技术接受程度与理解能力亦存在差异。因此，本书调研对象包括房地产开发企业、咨询与设计企业、施工安装企业、构件部品生产企业及装修企业等，避免来自单一企业或特定项目数据导致的分析偏差。为收集充足的装配式建造企业数据，同时减少问卷回复的无效率，本书采用滚雪球方法，通过在线问卷调查、半结构化访谈、电子邮件、电话等多种方式收集数据，共分发 236 份问卷，反馈回收 198 份。其中，47 名受访者缺乏装配式建造项目经验或者回答时长小于 60 秒（在线问卷调查），其问卷数据被排除。最终有效问卷数量为 151 份，有效回复率 76%，高于结构方程模型 100 个的最低样本要求[158]。此外，基于问卷调查的实证研究方法，需要满足样本量是变量数量的十倍以上[159]。本书调查问卷中包含 7 个变量（4 个独立变量，1 个中介变量，1 个调节变量和 1 个因变量），有效问卷数量多于 70 份即可。因此，本书获取的 151 份有效问卷满足实证分析要求，样本数据充分，可用于进一步研究。

3.3.1.2　描述性统计分析

首先，对有效数据进行基本信息统计分析，如表 3-3 所示。在所有受访者中，高级管理者、中层管理者、技术人员、研发人员及其他人员分别占比 19.9%、44.3%、27.8%、4% 和 4%。他们来自中国 40 个城市的 119 家装配式建造企业，城市主要分布在京津冀（13%）、长三角（15%）、珠三角（22%）以及常住人口 300 万以上城市（48%），企业涵盖整个装配式建筑供应链的设计、构件部品生产、施工、装修、咨询和开发等环节，且多数为中国装配式建筑行业的领军企业，比如万科、远大住工、碧桂园和中国建筑工程总公司等，确保行业调查数据的典型性和可靠性，避免单一数据源的偏差。此外，调研对象的企业特征（包括装配式建造年限、企业性质、企业类型和企业规模）与受访者级别基本涵盖装配式建造技术扩散的不同情境，确保了整体样本的异质性。

基本信息统计 表 3-3

变量	类别	数量	百分比（%）
装配式建造年限 PE	0～1 年	64	42.4
	1～3 年	35	23.2
	3～5 年	23	15.2
	5～10 年	19	12.6
	超过 10 年	10	6.6
企业性质 CN	外资企业	2	1.3
	合资企业	9	6.0
	国有企业	51	33.8
	私营企业	79	52.3
	其他	10	6.6
企业类型 CT	开发企业	85	56.3
	施工企业	30	19.9
	构件生产企业	2	1.3
	咨询设计企业	26	17.2
	其他	8	5.3
企业规模 CS	不足 50 人	9	6.0
	50～100 人	12	7.9
	100～200 人	15	9.9
	200～500 人	35	23.2
	超过 500 人	80	53.0

通过 SPSS 软件的直方图分析，样本数据近似服从正态分布。将所有变量进行描述性统计分析，包括集中趋势指标（包括均值、标准误、中位数与众数）与离差指标（标准差、幅度、极小值与极大值），如表 3-4 所示。

变量的描述性统计分析 表 3-4

参数	DP	ER	AR	CR	PI	NP	TV
均值	3.709	3.570	3.291	3.486	4.205	3.055	3.861
标准误	0.070	0.078	0.850	0.877	0.070	0.090	0.075
中位数	3.670	3.830	3.250	3.670	4.250	3.000	4.000
众数	3.670	4.000	3.000	3.000	5.000	3.000	5.000
标准差	0.864	0.960	1.044	1.078	0.856	1.101	0.916
幅度	4.000	4.000	4.000	4.000	4.000	4.000	4.000
极小值	1.000	1.000	1.000	1.000	1.000	1.000	1.000
极大值	5.000	5.000	5.000	5.000	5.000	5.000	5.000

结果表明，各变量平均值对变量包含信息具有很好的代表性，本书将采用变

量 DP、ER、AR、CR、PI、NP 及 TV 的均值进行实证分析。所有变量之间的 Person 相关系数如表 3-5 所示，变量间独立性良好。驱动要素对应变量与扩散绩效因变量的相关系数均处于 0.3～0.5 的合理区间[147]，可以继续回归分析。

变量间 Person 相关系数矩阵 表 3-5

指标	DP	ER	AR	CR	PI	NP	TV	PE	CN	CT	CS
DP	1										
ER	0.37**	1									
AR	0.30**	0.53**	1								
CR	0.30**	0.53**	0.33**	1							
PI	0.34**	0.38**	0.37**	0.33**	1						
NP	0.47**	0.31**	0.36**	0.26**	0.06	1					
TV	0.09	0.26**	0.36**	0.20**	0.39**	0.16	1				
PE	−0.01	−0.07	−0.07	−0.03	−0.11	0.21**	−0.03	1			
CN	−0.10	0.01	−0.05	0.04	0.07	−0.02	0.03	0.08	1		
CT	−0.01	0.19*	0.08	0.15	−0.08	0.10	−0.06	−0.01	−0.05	1	
CS	−0.07	−0.06	−0.03	−0.13	0.07	−0.06	0.03	0.19*	−0.02	−0.20*	1

显著性 p<0.05 用 * 表示，p<0.01 用 ** 表示

3.3.1.3 数据有效性检验

（1）信度与效度检验。所有题项都位于 FI 指标的 60%～90% 和 DC 指标的 0.5 以上区间[154]，表明本书所设计的调查问卷题项设置恰当，并且基于已有研究设计的量表已经过预测试调整和完善，能够保证良好的内容效度。

采用内部一致性方法进行信度检验，通过标准化因子载荷（SFL）、组合信度（CFR）及平均方差提取量（AVE）[160]共同检验聚合效度，如表 3-6 所示。

量表的信度与效度检验 表 3-6

指标	SFL	CR	AVE	Cronbach's α
DP1	0.832			
DP2	0.530	0.681	0.427	0.737
DP3	0.554			
ER1	0.695			
ER2	0.627			
ER3	0.837	0.900	0.604	0.920
ER4	0.843			
ER5	0.873			
ER6	0.758			

续表

指标	SFL	CR	AVE	Cronbach's α
AR1	0.809			
AR2	0.869	0.943	0.911	0.720
AR3	0.862			
AR4	0.852			
CR1	0.860			
CR2	0.847	0.917	0.887	0.724
CR3	0.845			
PI1	0.836			
PI2	0.756	0.881	0.649	0.894
PI3	0.838			
PI4	0.790			
NP1	0.715			
NP2	0.754	0.894	0.682	0.893
NP3	0.918			
NP4	0.897			
TV1	0.810			
TV2	0.749	0.803	0.577	0.767
TV3	0.716			

可以看到，所有变量的 Cronbach's α 都大于 0.70，样本数据的内部一致性良好。除扩散绩效变量的 AVE 指标小于 0.5（但该变量的其他指标均满足聚合效度要求，在可接受范围），其余指标均大于 0.5，因此，量表的聚合效度良好。将所有变量的 AVE 平方根列于表格主对角线，两个变量之间的相关系数列于主对角线左侧，如表 3-7 所示。

量表区分效度检验　　　　　　　　　　　　　　　　　表 3-7

变量	DP	ER	AR	CR	PI	NP	TV
DP	0.653						
ER	0.371**	0.777					
AR	0.298**	0.530**	0.954				
CR	0.298**	0.534**	0.329**	0.942			
PI	0.339**	0.381**	0.369**	0.330**	0.806		
NP	0.469**	0.309**	0.359**	0.262**	0.061	0.826	
TV	0.088	0.258**	0.356**	0.199*	0.385**	0.158	0.759

** 0.01（Bilateral）显著性，* 0.05（Bilateral）显著性。

通过比较，发现所有变量 AVE 平方根都大于所在列的相关系数，表明量表的区分效度良好。

（2）探索性因子分析。对所有变量指标进行探索性因子分析，如表 3-8 所示，样本数据的 KMO 数值为 0.865（大于 0.8），Sig. 显著性指标为 0.000，表明分析结果可靠性较高。

KMO 及 Bartlett 球形检验		表 3-8
Kaiser-Meyer-Olkin		0.865
Bartlett Sphericity test	Approximate Chi-square	3078.878
	Sig.	0.000

探索性因子分析结果表明，27 个指标旋转后的因子载荷都高于 0.5（底限阈值），且每个变量包含的指标项与 3.2.1 节提出的理论假设一致，验证了量表良好的内容效度。此外，7 个成分的总方差贡献为 78.255%，具有较高的解释力。

3.3.1.4 共同方法偏差检验

鉴于所有题项来自于相同的调查问卷，分析结果可能存在共同方法偏差。本书使用 Harman 单因素检测方法[161]评估共同方法偏差的程度，将变量扩散绩效 DP、企业间交互 ER、中企交互 AR、消企交互 CR、政策干预 PI、网络权力 NP 及技术通用性 TV 的测量题项组合，进行因子分析，检验未旋转的成分矩阵。因子分析抽取出 7 个因子，第一因子的方差贡献率为 34.43%（小于 40%）[162]，共同方法偏差问题不严重，基于样本数据的实证分析结果可靠。

3.3.2 扩散要素直接驱动作用检验

检验理论假设中自变量（企业间交互 ER、中企交互 AR 与消企交互 CR）和中介变量（网络权力 NP 及政策干预 PI）对因变量（扩散绩效 DP）的直接效应显著性，识别装配式建造技术扩散的核心驱动要素。扩散客体维度的技术通用性（TV）为调节变量，其对技术扩散绩效的影响程度与方向不确定，且调节效应检验对调节变量是否显著影响因变量没有要求[163]，因此，技术通用性对技术扩散绩效的直接驱动作用在此节不作分析，在 3.4.2 节单独讨论。

基于 3.2.2 节构建的初始概念模型，采用结构方程模型方法，通过 Amos 软件绘制变量间因果关系，求解各变量对技术扩散绩效驱动作用的路径系数。为避免企业个体差异导致分析结果偏差，本书将装配式建造企业的装配式建造年限 PE、企业性质 CN、企业类型 CT 及企业规模 CS 作为控制变量，在模型中控制企业异质性造成的干扰。

由 3.3.1.2 节可知，自变量所有题项的均值能够很好体现变量包含信息，保证分析结果的可靠性。计算各变量对应问卷中题项的平均值，作为扩散绩效 DP、企业间交互 ER、中企交互 AR、消企交互 CR、政策干预 PI、网络权力 NP 及技术通用性 TV 的变量值，通过层次回归分析方法，验证基于结构方程模型的驱动要素分析结果。

3.3.2.1　市场调节维度各要素对扩散绩效的直接驱动

由于中介变量的存在会影响自变量与因变量的关系显著性，此节仅分析市场调节维度的 3 个自变量（企业间交互 ER、中企交互 AR 与消企交互 CR）对因变量（扩散绩效 DP）的直接效应，模型中不包含中介变量，对于中介变量参与下的深入分析在 3.4.3 节进行。

采用结构方程模型，得到自变量企业间交互 ER、中企交互 AR 与消企交互 CR 对因变量扩散绩效 DP 驱动作用的路径系数，如图 3-2 所示。

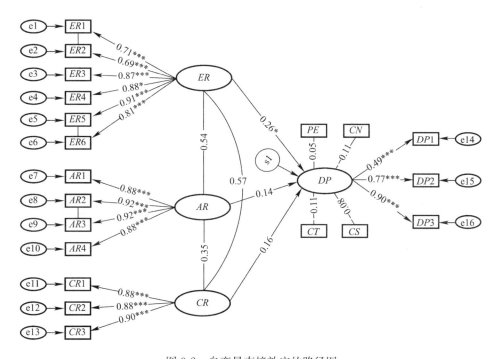

图 3-2　自变量直接效应的路径图

可以看到，自变量中仅企业间交互 ER 对扩散绩效 DP 存在显著驱动作用，中企交互 AR 与消企交互 CR 对扩散绩效 DP 的直接驱动作用均不显著。因此，假设 1 得到验证，而假设 2 与假设 3 没有通过验证。

采用层次回归分析方法验证上述关系，如表 3-9 所示。

市场调节维度各变量对扩散绩效的显著性检验　　表 3-9

变量		扩散绩效 DP	
		模型 1a	模型 1b
控制变量	装配式建造年限 PE	0.017	0.044
	企业性质 CN	−0.107	−0.114
	企业类型 CT	−0.006	−0.018
	企业规模 CS	−0.071	−0.055
自变量	企业间交互 ER	/	0.249*
	中企交互 AR	/	0.125
	消企交互 CR	/	0.134
调整 R^2		0.113	0.144
F 统计量		4.193	4.594
显著性 $p < 0.05$ 用 * 表示			

表 3-9 与结构方程模型所得结论相同，中介交互 AR 与消企交互 CR 对扩散绩效 DP 的直接驱动作用不显著，这有悖于一般技术扩散认识，但符合现阶段装配式建筑发展情境，与装配式建造技术及其扩散特征有关。

在装配式建筑行业，中介机构通常包括科研院所、行业协会及金融机构等[136]。装配式建造企业通过与科研机构的合作，实现装配式建造技术的合作开发与研究，在行业协会提供的信息交流与技术共享平台中，装配式建造企业之间的合作关系得以加强。金融机构的资金支持与贷款贴息政策，能够有效刺激企业对装配式建造技术的采纳。这与中介机构在一般技术扩散中发挥的作用相近。然而现阶段，我国装配式建筑发展不成熟，供应链不完善，装配式建造技术扩散尚未实现完全的市场化[35,36]，中介机构的上述作用没有得到充分发挥，比如企业与科研院所的产学研合作不足，具有一定规模和影响力的行业协会数量很少，金融机构对装配式建造企业的支持力度较低且缺乏主动性。装配式建造企业的综合效益在中介机构参与下没有得到显著提高，中介参与对装配式建造技术扩散绩效的驱动效果不佳。因此，理论上良好的中企交互能够提高企业扩散绩效，在装配式建造技术扩散实践中并不显著，这与装配式建造技术扩散的特殊性有关。

公众消费者对建筑产品的选择过程与制造产品不同[115]。对于大多数建造技术而言，消费者是难以观测并且缺乏感知的[37]，无法在不同的建造技术和建筑结构之间发现显著差异。消费者更多关注的是建筑产品的售价、居住舒适性以及售后服务等。现阶段装配式建造技术扩散效果不佳，规模经济未实现，装配式建造成本相对传统建造技术偏高。房地产开发企业通过装配式建造成本的分摊，平衡装配式建造和传统建造两种形式的建筑产品售价，调整产品配置和营销方案，消费者无需为装配式建造的增量成本买单，对于装配式建造技术采用与否敏感度很低。此外，我国许多城市推行装配式建造保障房，包括经济适用房和廉租房等，这些建筑产品的消费者完全没有选择建造技术的机会，且由于政府提供大量补贴，消费者支付的房价很低[164]，建筑产品是否为装配式建造形式对消费者影响很小。因此，理论上良好的消企交互能够提高企业扩散绩效，在装配式建造技术扩散实践中并不显著，这是装配式建造技术及其扩散特征造成的。

中介机构与公众消费者对装配式建造技术扩散的驱动作用较小，也进一步验证当前装配式建筑市场不成熟，装配式建造技术扩散过程仍需要政策干预。

3.3.2.2 扩散主体与政策干预各要素对扩散绩效的直接驱动

与 3.3.2.1 节同样方法检验扩散主体与政策环境维度对应的中介变量（NP 与 PI）对因变量（DP）的直接效应。采用结构方程模型，得到两个中介变量对因变量驱动作用的路径系数，如图 3-3 所示，网络权力 NP 与政策干预 PI 均对技术扩散绩效 DP 存在显著驱动作用。

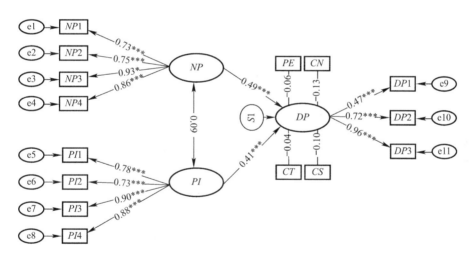

图 3-3 中介变量直接效应的路径图

采用层次回归分析验证上述关系，结果如表 3-10 所示，与结构方程模型分析结论相同，假设 4 和假设 7 得到支持。中介效应深入分析将在 3.4.3 节展开。

网络权力及政府干预对扩散绩效的显著性检验　　　　　表 3-10

变量		扩散绩效 DP	
		模型 2a	模型 2b
控制变量	装配式建造年限 PE	−0.097	−0.044
	企业性质 CN	−0.092	−0.120

续表

变量		扩散绩效 DP	
		模型 2a	模型 2b
控制变量	企业类型 CT	−0.048	−0.027
	企业规模 CS	−0.030	−0.070
中介变量	网络权力 NP	0.492***	0.456***
	政策干预 PI	/	0.320***
调整 R^2		0.216	0.312
F 统计量		9.269	12.325
显著性 p<0.001 用 *** 表示			

3.3.3　要素驱动机制的概念模型优化

基于上述分析，自变量（除中企交互 AR 与消企交互 CR 外）对因变量存在

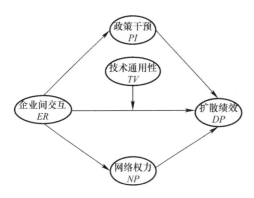

图 3-4　优化后的要素驱动机制概念模型

显著的直接效应，且中介变量对因变量的直接效应显著性也得到验证。即企业间交互 ER、政策干预 PI 及网络权力 NP 对扩散绩效 DP 的驱动作用显著，中企交互 AR 与消企交互 CR 对扩散绩效 DP 的驱动作用不显著。根据实证分析结果调整初始概念模型，优化后的要素驱动机理概念模型如图 3-4 所示。

中企交互 AR 与消企交互 CR 对扩散绩效 DP 驱动作用不显著，但需规避

两个变量在核心要素驱动机理分析中的扰动，保证结果的稳定性与可靠性，因此，3.4 节将中企交互 AR 与消企交互 CR 作为控制变量讨论。

3.4　装配式建造技术扩散要素驱动机制的实证分析

层次回归分析可以保留理论假设的所有变量关系，并且不完全受数据质量影响，具有较强解释力[165]。Bootstrap 方法改进传统中介效应检验程序中因果回归分析的缺陷，能够用于复杂中介效应的检验[166]，被认为是有调节的中介效应分析的有效方法。本节借助 IBM SPSS Statistics 20 软件，采用层次回归分析和基于 Bootstrap 的复杂中介分析方法检验所提出的理论假设，深入分析核心要素的驱动机理与交互关系。

3.4.1 企业间交互对扩散绩效的驱动作用检验

将控制变量（装配年限 *PE*、企业性质 *CN*、企业类型 *CT*、企业规模 *CS*、中企交互 *AR* 及消企交互 *CR*）输入回归模型，得到模型 3a，反映的是控制变量对因变量的显著性。采用分层法将自变量（企业间交互 *ER*）输入回归模型，得到模型 3b。如表 3-11 所示，在控制变量作用下，企业间交互 *ER* 与扩散绩效 *DP* 显著正相关（b＝0.249，显著性 p＝0.015＜0.05），假设 1 得到验证。

企业间交互对扩散绩效的显著性检验　　　　　　　　　　　　表 3-11

变量		扩散绩效 *DP*	
		模型 3a	模型 3b
控制变量	装配式建造年限 *PE*	0.035	0.044
	企业性质 *CN*	−0.109	−0.114
	企业类型 *CT*	−0.053	−0.018
	企业规模 *CS*	−0.047	−0.055
	中企交互 *AR*	0.222**	0.125
	消企交互 *CR*	0.231**	0.134
自变量	企业间交互 *ER*	/	0.249*
调整 R^2		0.113	0.144
F 统计量		4.193	4.594
显著性 p＜0.05 用 * 表示，p＜0.01 用 ** 表示			

3.4.2 技术通用性的调节作用检验

为检验技术通用性 *TV* 对扩散绩效 *DP* 的直接驱动作用，在模型 4a 中，将变量技术通用性 *TV* 放入回归模型。如表 3-12 所示，技术通用性 *TV* 与扩散绩效 *DP* 负相关且不显著（b＝−0.050，显著性 p＝0.553）。将自变量企业间交互 *ER* 和政策干预 *PI* 都代入得到模型 4b，技术通用性 *TV* 对扩散绩效 *DP* 的直接驱动作用仍然为负且不显著（b＝−0.144，显著性 p＝0.089）。检验技术通用性 *TV* 的调节作用，将交互项 *ER* * *TV* 代入得到模型 4c，为避免多重共线性问题，将变量企业间交互 *ER* 与技术通用性 *TV* 都中心化后再相乘。交互项 *ER* * *TV* 的系数显著（b＝0.167，显著性 p＝0.03＜0.05），说明技术通用性 *TV* 正向调节了企业间交互 *ER* 对扩散绩效 *DP* 的驱动作用，调节量大小为 2.1％，假设 10 得到验证。

采用 Bootstrap 方法[166]深入分析技术通用性 *TV* 的调节效应。在 SPSS 中进入 Process 程序，选择模型 1，设定样本量为 5000，置信度为 95％。分析结果表明，当技术通用性水平较低（b＝0.1636，S. E. ＝0.0963，95％C. I. ＝−0.0267～

0.3539）时，区间（LLCI＝－0.0267，ULCI＝0.3539）包含 0，技术通用性 TV 对企业间交互 ER 与扩散绩效 DP 关系存在正向调节效应，但不显著。而当技术通用性在中（b＝0.2888，S. E.＝0.0955，95％ C. I.＝0.9999～0.4777）、高（b＝0.4141，S. E.＝0.1319，95％ C. I.＝0.1534～0.6748）水平时，技术通用性 TV 均对企业间交互 ER 与扩散绩效 DP 的关系发挥显著的正向调节作用。

技术通用性的调节效应检验　　　　　　　　　　　　表 3-12

变量		扩散绩效 DP		
		模型 4a	模型 4b	模型 4c
控制变量	装配式建造年限 PE	0.034	0.072	0.074
	企业性质 CN	−0.109	−0.134	−0.113
	企业类型 CT	−0.059	−0.064	−0.055
	企业规模 CS	−0.043	−0.083	−0.096
	中企交互 AR	0.240 **	0.108	0.089
	消企交互 CR	0.237 **	0.092	0.093
调节变量	技术通用性 TV	0.050	−0.144	−0.161
自变量	企业间交互 ER	/	0.224 *	0.260 *
	政策干预 PI	/	0.261 **	0.279 **
交互项	ER * TV	/	/	0.167 *
调整 R^2		0.109	0.188	0.209
ΔR^2		/	/	0.021
显著性 p＜0.05 用 * 表示，p＜0.01 用 ** 表示				

通过技术通用性的调节效应分析，发现技术通用性对扩散绩效的直接驱动作用并非单纯正向或负向，验证了理论假设关于技术通用性对扩散绩效作用方向不确定的阐述，需要检验技术通用性的二次效应，结果如表 3-13 所示。

技术通用性二次效应检验　　　　　　　　　　　　表 3-13

模型	回归系数	T 统计量	显著性水平 p
PE	0.076	0.997	0.320
CN	−0.130	−1.734	0.085
CT	−0.063	−0.802	0.424
CS	−0.071	−0.894	0.373
AR	0.115	1.253	0.212
CR	0.088	0.988	0.325
ER	0.206	2.021	0.045
PI	0.265	2.995	0.003

续表

模型	回归系数	T统计量	显著性水平p
TV	−0.603	−1.194	0.235
TV* TV	0.467	0.922	0.358

技术通用性 TV 及其平方项 TV^*TV 与扩散绩效 DP 之间的相关关系没有通过显著性检验，即技术通用性 TV 对扩散绩效 DP 的二次效应不显著。但注意到技术通用性对扩散绩效的直接驱动作用系数与二次项系数的正负不同，表明技术通用性对扩散绩效不是单方向的促进或者阻碍，而是存在阈值效应，技术通用性在阈值对应的不同区间发挥不同的作用。阈值的确定与多种因素有关，需要结合具体的现实情境分析，本书不作进一步讨论。

3.4.3 网络权力与政策干预的中介效应检验

理论假设中网络权力 NP 与政策干预 PI 都对企业间交互 ER 与扩散绩效 DP 关系存在中介作用，本节将分别检验两个变量的独立中介效应以及二者可能存在的双中介效应。此外，技术通用性的调节效应显著性得到验证，对于两个中介变量，也可能发挥有调节的中介作用，这些复杂的中介效应分析[167]都将在本节逐层展开。

3.4.3.1 独立中介效应检验

（1）网络权力的中介效应检验。为检验网络权力对扩散绩效的直接驱动作用，将网络权力 NP 放入回归模型，得到模型 5a 和 5d，如表 3-14 所示。

网络权力对企业间交互与扩散绩效关系的中介作用检验 表3-14

变量		扩散绩效 DP			网络权力 NP
		模型 5a	模型 5b	模型 5c	模型 5d
控制变量	装配式建造年限 PE	−0.070	−0.059	−0.037	0.248
	企业性质 CN	−0.098	−0.103	−0.123	−0.019
	企业类型 CT	−0.071	−0.093	−0.057	0.015
	企业规模 CS	−0.019	−0.027	−0.062	−0.057
	中企交互 AR	0.090	0.015	−0.050	0.300
	消企交互 CR	0.170*	0.093	0.040	0.124
中介变量	网络权力 NP	0.412***	0.396***	0.423***	/
自变量	企业间交互 ER	/	0.204*	0.149	0.176*
	政策干预 PI	/	/	0.268**	0.135
调整 R^2		0.247	0.266	0.317	0.190
F统计量		8.015	7.785	8.724	5.402
显著性 $p<0.05$ 用* 表示，$p<0.01$ 用** 表示，$p<0.001$ 用*** 表示					

网络权力 *NP* 与扩散绩效 *DP* 显著正相关（b=0.412，显著性 p=0.000＜0.001），假设 7 得到验证，企业间交互 *ER* 与网络权力 *NP* 显著正相关（b=0.176，显著性 p=0.046＜0.05），假设 8 得到验证。继续将企业间交互 *ER* 代入回归模型，得到模型 5b，网络权力 *NP* 对扩散绩效 *DP* 驱动作用的显著性不变（b=0.396，显著性 p=0.000＜0.001），此时自变量企业间交互 *ER* 与扩散绩效 *DP* 也表现为显著正相关（b=0.204，显著性 p=0.031＜0.05），在此种情境下，网络权力 *NP* 对企业间交互 *ER* 与扩散绩效 *DP* 的关系发挥中介作用，但不是唯一的中介变量，存在互补的中介，有待后续讨论。进一步，将政策干预 *PI* 作为自变量输入，得到模型 5c。此时，网络权力 *NP* 与扩散绩效 *DP* 的显著相关关系不变（b=0.423，显著性 p=0.000＜0.001），政策干预 *PI* 对扩散绩效 *DP* 的显著性未受到网络权力 *NP* 影响（b=0.268，显著性 p=0.001＜0.01），而企业间交互 *ER* 对扩散绩效 *DP* 的驱动作用不再显著（b=0.149，显著性 p=0.107），在此种情境下，网络权力 *NP* 对政策干预 *PI* 与扩散绩效 *DP* 间关系不存在中介效应，但对企业间交互 *ER* 与扩散绩效 *DP* 关系发挥中介作用，且是唯一的中介。

采用 Bootstrap 方法[166]深入分析网络权力的中介效应。在 SPSS 中进入 Process 程序，选择单一中介效应模型 4，设定样本量为 5000，置信度为 95％。在网络权力 *NP* 未加入回归模型时，企业间交互 *ER* 对扩散绩效 *DP* 驱动作用显著（b=0.1857，S. E. =0.0902，95％ C. I. =0.0073～0.3640）。政策干预 *PI* 对扩散绩效 *DP* 驱动作用显著（b=0.2253，S. E. =0.0868，95％ C. I. =0.0537～0.3969），95％置信区间均不包含 0。网络权力 *NP* 进入回归模型后，企业间交互 *ER* 对扩散绩效 *DP* 驱动作用显著性有改变（b=0.1342，S. E. =0.0827，95％ C. I. =−0.0293～0.2978），95％置信区间包含 0。而政策干预 *PI* 对扩散绩效 *DP* 驱动作用显著性不变（b=0.2707，S. E. =0.0795，95％ C. I. =0.1135～0.4278），95％置信区间不包含 0。表明网络权力 *NP* 对政策干预 *PI* 与扩散绩效 *DP* 关系不发挥中介作用，而网络权力 *NP* 对企业间交互 *ER* 与扩散绩效 *DP* 关系产生中介作用，通过 Sobel 检验（显著性 p=0.0015＜0.01），发现网络权力 *NP* 的中介效应显著，且中介效应大小为 0.1176，即企业间交互 *ER* 对扩散绩效 *DP* 的驱动作用有 11.76％是通过中介变量网络权力 *NP* 实现的。因此，在政府干预 *PI* 作为自变量输入时，网络权力 *NP* 在企业间交互 *ER* 对扩散绩效 *DP* 驱动作用中存在显著的中介效应，假设 9 得到验证。该分析结果说明，装配式建造企业不可能脱离装配式建造技术合作与扩散网络而孤立存在，其不可避免地在网络中与其他装配式建造企业产生联系，形成各自演化的网络权力。在市场活动中，装配式建造技术采纳决策受到装配式建造企业网络权力的影响，并通过网络权力的实施驱动装配式建造技术扩散。

（2）政策干预的中介效应检验。在已经验证的调节效应与中介效应关系中，网络权力对扩散绩效的直接驱动作用显著，而技术通用性对扩散绩效的直接驱动作用不显著。因此，在进行本节对政策干预进行单一中介效应检验时，将网络权力作为控制变量代入模型，技术通用性不考虑。

将政策干预 PI 作为中介变量放入回归模型，得到模型 6a 和 6c，如表 3-15 所示，政策干预 PI 与扩散绩效 DP 显著正相关（b＝0.290，显著性 p＝0.000＜0.001），假设 4 得到验证，企业间交互 ER 与政策干预 PI 显著正相关（b＝0.204，显著性 p＝0.036＜0.05），假设 5 得到验证。进一步由模型 6b 可知，政策干预 PI 对扩散绩效 DP 驱动作用显著性不变（b＝0.268，显著性 p＝0.001＜0.01），而企业间交互 ER 对扩散绩效 DP 驱动作用不再显著（b＝0.149，显著性 p＝0.107），表明此种情境下，政策干预 PI 对企业间交互 ER 与扩散绩效 DP 关系存在中介作用，且是唯一的中介。

政策干预对企业间交互与扩散绩效关系的中介作用检验　　　表 3-15

变量		扩散绩效 DP		政策干预 PI
		模型 6a	模型 6b	模型 6c
控制变量	装配式建造年限 PE	−0.043	−0.037	−0.082
	企业性质 CN	−0.122	−0.123	0.076
	企业类型 CT	−0.039	−0.057	−0.132
	企业规模 CS	−0.059	−0.062	0.131
	中企交互 AR	−0.003	−0.050	0.245
	消企交互 CR	0.090	0.040	0.198
	网络权力 NP	0.437***	0.423***	−0.102
中介变量	政策干预 PI	0.290***	0.268**	/
自变量	企业间交互 ER	/	0.149	0.204*
	调整 R^2	0.309	0.317	0.224
	F 统计量	9.377	8.724	6.428
显著性 p＜0.05 用 * 表示，p＜0.01 用 ** 表示，p＜0.001 用 *** 表示				

采用 Bootstrap 方法[166]深入分析政策干预的中介效应。与网络权力的中介效应检验方法相同，在政策干预 PI 未加入回归模型时，企业间交互 ER 对扩散绩效 DP 驱动作用显著（b＝0.1834，S.E.＝0.0844，95％ C.I.＝0.0165～0.3503）。政策干预 PI 进入回归模型后，企业间交互 ER 对扩散绩效 DP 驱动作用显著性有改变（b＝0.1342，S.E.＝0.0827，95％ C.I.＝−0.0293～0.2978），95％置信区间包含 0。表明政策干预 PI 对企业间交互 ER 与扩散绩效 DP 关系产

生中介作用,通过 Sobel 检验(显著性 p=0.0054<0.01),发现政策干预 PI 的中介效应显著,且中介效应大小为 0.0919,即企业间交互 ER 对扩散绩效 DP 的驱动作用有 9.19% 是通过中介变量政策干预 PI 实现的。因此,在政府干预 PI 作为中介变量输入时,其对企业间交互 ER 与扩散绩效 DP 关系的中介效应显著性得到检验,假设 6 得到验证。该分析结果说明,装配式建造企业与其他企业的交互关系,会影响政府部门监管政策的执行,比如资源倾斜或快速审批支持,引导其带领追随企业推进装配式建造技术扩散,提升行业整体扩散绩效。因此,企业关于装配式建造技术的采纳决策受到政府干预影响,并在监管政策作用下驱动技术扩散。

3.4.3.2 双中介效应检验

基于上述分析,网络权力与政策干预都对企业间交互与扩散绩效关系存在显著的单一中介效应,且在网络权力中介效应检验中,政策干预未加入模型时,网络权力对企业间交互与扩散绩效关系的中介成立,但存在其他互补的中介变量,在政策干预以自变量加入模型后,变为唯一的中介变量,因此,本节进一步探索网络权力与政策干预在此关系中发挥双中介作用的可能。采用 Bootstrap 分析方法[166],从 3 个方面全面分析网络权力与政策干预的双中介效应,分别为企业间交互对扩散绩效的总效应、各自独立的中介效应及两个变量的共同中介效应。在 SPSS 中进入 Process 程序,选择模型 4,样本量为 5000,置信度为 95%。

Bootstrap 分析表明,在两个中介变量未进入模型时,企业间交互 ER 对扩散绩效 DP 的驱动作用显著(b=0.2243,S. E. =0.0908,95% C. I. =0.0449~0.4037),总效应值为 0.2243。在网络权力 NP 与政策干预 PI 进入模型后,网络权力 NP 对扩散绩效 DP 驱动作用显著(b=0.3319,S. E. =0.0605,95% C. I. =0.2123~0.4514),政策干预 PI 对扩散绩效 DP 驱动作用也显著(b=0.2707,S. E. =0.0795,95% C. I. =0.1135~0.4278),95% 置信区间均不包含 0。但企业间交互 ER 对扩散绩效 DP 驱动作用不再显著(b=0.1342,S. E. =0.0827,95% C. I. =-0.0293~0.2978)。通过 Sobel 检验,发现网络权力 NP 与政策干预 PI 的中介效应都显著,各自独立的中介效应分别为 0.1176(显著性 p=0.0015)和 0.0919(显著性 p=0.0054),中介效应之差为 0.0257,网络权力 NP 对企业间交互 ER 与扩散绩效 DP 关系发挥的中介作用高于政策干预 PI,两个中介变量的共同中介效应为 0.2096。

3.4.3.3 有调节的中介效应检验

由于回归模型中同时包含中介变量和调节变量,有必要进一步分析中介变量和调节变量的相互作用。Muller 等(2005)对有中介的调节(Mediated Moderation)

和有调节的中介（Moderated Mediation）进行了界定[168]，并指出二者的区别在于调节变量在中介路径的哪个阶段发挥作用，原理如图 3-5 所示。

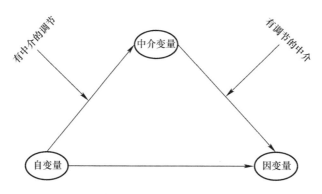

图 3-5　有中介的调节与有调节的中介的原理示意图

有中介的调节与有调节的中介的检验方法相似[168,169]，且有调节的中介是对中介变量与调节变量同时存在的最本质的分析[170]。因此，本书仅进行有调节的中介检验，采用 Bootstrap 分析方法[166]，在 SPSS 软件的 Process 中选择模型 8 执行检验，设定样本量为 5000，置信度为 95%。

（1）网络权力中介的检验。将政府干预 PI 作为控制变量输入，检验网络权力 NP 在技术通用性 TV 调节下对企业间交互 ER 与扩散绩效 DP 关系发挥的中介作用。企业间交互 ER 与技术通用性 TV 的交互项 ER^*TV 对扩散绩效 DP 的驱动作用与通用性水平有关（中高技术通用性水平的调节效应显著，低技术通用性水平的调节效应不显著）。企业间交互 ER 与技术通用性 TV 的交互项 ER^*TV 对网络权力 NP 的驱动作用不显著（b=0.0823，S.E.=0.0846，95%C.I.=−0.0848~0.2494），95%置信区间包含 0。在中介变量加入模型后，企业间交互 ER 与技术通用性 TV 的交互项 ER^*TV 对扩散绩效 DP 的驱动作用仍然显著（b=0.1377，S.E.=0.0573，95%C.I.=0.0244~0.2510），95%置信区间不包含 0。不同技术通用性水平下网络权力的中介作用检验结果如表 3-16 所示。

被技术通用性调节的网络权力中介作用检验　　　　　表 **3-16**

中介变量	技术通用性的调节作用			
	水平	回归系数	回归系数标准差	95%置信区间
网络权力	低	0.0900	0.0509	0.0000~0.2069
网络权力	中	0.1162	0.0417	0.0454~0.2147
网络权力	高	0.1423	0.0585	0.0388~0.2708

技术通用性处于不同水平，网络权力对企业间交互与扩散绩效关系都在95%置信区间内发挥显著的中介作用，表明装配式建造企业间交互关系对扩散绩效的驱动作用必然部分通过网络权力实现，这种关系不受技术通用性水平的影响。

（2）政府干预中介的检验。将网络权力 NP 作为控制变量输入，检验政策干预 PI 在技术通用性 TV 调节下对企业间交互 ER 与扩散绩效 DP 关系发挥的中介作用。同本节（1）分析，企业间交互 ER 与技术通用性 TV 的交互项 ER^*TV 对扩散绩效 DP 的驱动作用与通用性水平有关（中高技术通用性水平的调节效应显著，低技术通用性水平的调节效应不显著）。企业间交互 ER 与技术通用性 TV 的交互项 ER^*TV 对政策干预 PI 的驱动作用不显著（b＝－0.0718，S.E.＝0.0607，95%C.I.＝－0.1916～0.0481），95%置信区间包含0。在中介变量加入模型后，企业间交互 ER 与技术通用性 TV 的交互项 ER^*TV 对扩散绩效 DP 的驱动作用仍然显著（b＝0.1377，S.E.＝0.0573，95%C.I.＝0.0244～0.2510），95%置信区间不包含0。不同技术通用性水平下政策干预的显著性分析如表3-17所示。可以看到，技术通用性处于不同水平，政策干预对企业间交互与扩散绩效关系都在95%置信区间内发挥显著的中介作用，表明装配式建造企业间交互关系对扩散绩效的驱动作用必然部分通过政策干预发挥作用，这种关系不受技术通用性水平的影响。

被技术通用性调节的政府干预中介作用检验　　　　　　　　表 3-17

中介变量	技术通用性的调节作用			
	水平	回归系数	回归系数标准差	95%置信区间
政府干预	低	0.1066	0.0431	0.0375～0.2183
政府干预	中	0.0838	0.0308	0.0336～0.1588
政府干预	高	0.0610	0.0369	0.0046～0.1576

（3）双中介的检验。将网络权力 NP 和政策干预 PI 均作为中介变量输入，检验两个中介变量在技术通用性 TV 调节下对企业间交互 ER 与扩散绩效 DP 关系发挥的中介作用。由3.4.2节可知，企业间交互 ER 与技术通用性 TV 的交互项 ER^*TV 对扩散绩效 DP 的驱动作用与通用性水平有关（中高技术通用性水平的调节效应显著，低技术通用性水平的调节效应不显著）。企业间交互 ER 与技术通用性 TV 的交互项 ER^*TV 对网络权力 NP 的驱动作用不显著（b＝0.0823，S.E.＝0.0846，95%C.I.＝－0.0848～0.02494），企业间交互 ER 与技术通用性 TV 的交互项 ER^*TV 对政策干预 PI 的驱动作用也不显著（b＝－0.0718，S.E.＝0.0607，95%C.I.＝－0.1916～0.0481），95%置信区间均包含0。在两个中

介变量加入模型后，企业间交互 *ER* 与技术通用性 *TV* 的交互项 *ER* * *TV* 对扩散绩效 *DP* 的驱动作用仍然显著（b＝0.1377，S.E.＝0.0573，95％C.I.＝0.0244～0.2510），95％置信区间不包含 0。被技术通用性调节的双中介作用检验结果如表 3-18 所示。

被技术通用性调节的双中介作用检验　　　　　　　　　表 3-18

中介变量	技术通用性的调节作用			
	水平	回归系数	回归系数标准差	95％置信区间
网络权力	低	0.0900	0.0516	−0.0038～0.2031
网络权力	中	0.1162	0.0432	0.0422～0.2132
网络权力	高	0.1423	0.0600	0.0369～0.2714
政府干预	低	0.1066	0.0422	0.0396～0.2150
政府干预	中	0.0838	0.0300	0.0358～0.1599
政府干预	高	0.0610	0.0371	0.0038～0.1567

可以看到，只有技术通用性处于低水平，网络权力对企业间交互与扩散绩效关系在 95％置信区间中介作用不显著，其余情况均显著。表明在技术通用性较低时，政府干预的中介作用对网络权力发挥的中介效应产生影响，即政策干预在装配式建造技术通用性较低时发挥比网络权力更显著的作用。

3.4.4　要素驱动机制分析结果

本章共提出 10 个理论假设，实证分析结果支持其中 8 个假设关系，证伪两个假设关系，假设检验结果汇总如表 3-19 所示。

假设检验结果汇总　　　　　　　　　表 3-19

编号	假设	检验结果
H1	企业间交互对扩散绩效有显著驱动作用	支持
H2	中企交互对扩散绩效有显著驱动作用	不支持
H3	消企交互对扩散绩效有显著驱动作用	不支持
H4	政府干预对扩散绩效有显著驱动作用	支持
H5	企业间交互对政策干预有显著驱动作用	支持
H6	政府干预对企业间交互与扩散绩效关系发挥显著的中介作用	支持
H7	网络权力对扩散绩效有显著驱动作用	支持
H8	企业间交互对网络权力有显著驱动作用	支持
H9	网络权力对企业间交互与扩散绩效关系发挥显著的中介作用	支持
H10	技术通用性对企业间交互与扩散绩效关系发挥显著的正向调节作用	支持

基于上述分析，得到装配式建造技术扩散要素驱动机制的最终模型，如图 3-6 所示。与图 3-4 优化概念模型不同的是，该模型中技术通用性的调节作用分别发生在政策干预与网络权力对扩散绩效的中介作用路径上，而不是企业间交互对扩散绩效的直接作用路径上。

图 3-6　装配式建造技术扩散要素驱动机制最终模型

3.5　本章小结

本章采用实证研究方法，分析装配式建造技术扩散核心要素及其驱动机制，研究发现，企业间交互对扩散绩效的直接驱动作用显著，政策干预与网络权力对企业间交互与扩散绩效关系的中介作用显著，技术通用性对企业间交互与扩散绩效关系的调节作用显著。因此，扩散环境（包括市场调节与政策干预）、扩散主体（网络权力）及扩散客体（技术通用性）对装配式建造技术扩散发挥了重要且差异化的驱动作用。

通过本章的深入分析，明确了装配式建造技术扩散要素驱动机制，验证了装配式建造技术扩散协同要求高、尚未实现完全市场化、政策干预力度大的特征，回答了装配式建造技术扩散动力与原因是什么的研究问题。

第4章

装配式建造技术扩散主体决策机制

本章分析了装配式建造技术扩散主体决策的动因，引入 4 个核心驱动要素，重点讨论装配式建造企业的初始扩散偏好以及装配式建筑相关的监管政策；剖析装配式建造技术扩散主体决策机制，明确主体决策形成与优化过程的博弈关系；构建扩散主体决策及优化模型，借助演化博弈与 Stackelberg 博弈，剖析装配式建造企业扩散决策的形成与优化过程，揭示不同监管政策对装配式建造企业扩散决策的影响机理，并探索装配式建造企业扩散决策与政府部门监管政策的协同优化。

4.1 装配式建造技术扩散主体决策动因

由第 3 章驱动要素识别发现，企业间交互、政策干预、网络权力和技术通用性对装配式建造技术扩散的驱动作用显著，是装配式建造企业扩散决策的关键动因。企业间交互主要体现在装配式建造企业与其他企业的竞争关系及合作关系中[171,172]，通过企业间博弈关系反映。政策干预即政府部门发布的装配式建筑相关监管政策，用作企业间博弈和政企间博弈分析的重要变量。装配式建造企业的网络权力决定企业在行业内的地位和影响力，网络权力较大的企业会更愿意扩散装配式建造技术[173]，表现出较高的初始扩散偏好，因此，将网络权力要素通过初始扩散偏好引入企业间博弈分析中。技术通用性越高，技术扩散总成本越低[150,151]，本章将技术通用性通过损益变量在企业间博弈和政企间博弈关系中间接体现。

基于上述分析，本节重点论述装配式建造技术扩散的两个关键动因，即装配式建造企业初始扩散偏好及装配式建筑相关监管政策。

4.1.1 装配式建造企业初始扩散偏好

本章引入"初始扩散偏好"的概念，用来反映企业对装配式建造技术的初始扩散意愿。在扩散决策初始阶段，企业对装配式建造技术持有不同扩散偏好，这通常与企业网络权力有关[173]，具体包括行业影响力以及企业社会责任等因素。

装配式建造企业网络权力越大，意味着对整个行业的示范和引领作用越强[142]，越能敏锐获取国家大力发展装配式建筑的顶层要求。作为装配式建筑行业的先行者，通过扩散装配式建造技术，获取早期技术优势和垄断利润，巩固市场地位，产生更大的行业影响力。企业社会责任是完成企业自身义务之外，履行对社会和环境的责任[174]。当前阶段，我国装配式建筑发展尚未实现规模经济，装配式建造带来的短期经济效益远小于长远社会和环境效益，企业社会责任对装配式建造企业扩散装配式建造技术的态度发挥着重要作用。一般而言，装配式建造企业网络权力越大，越注重自身的社会影响，越会主动优化与政府和公众的关系，企业社会责任越高[175]，其有意愿接受短期的经济效益降低，而关注长远的可持续增长效益，对装配式建造技术的初始扩散偏好更强。因此，网络权力大的企业通常对装配式建造技术的初始扩散偏好较高。

本章从潜在技术采纳者视角出发，引入初始扩散偏好，将企业网络权力要素通过初始扩散偏好在企业间博弈关系中体现，在不同监管政策干预下，分析其他技术采纳企业（竞争者）和技术供给企业（合作者）扩散决策对其采纳决策的影响，以及技术采纳决策对其他企业扩散决策的反作用。

4.1.2 装配式建筑监管政策

为大力发展装配式建筑，我国中央和地方政府在 2017 年集中发布很多监管政策，包括鼓励性政策和强制性政策。根据政府网站公开信息及政策法规资料整理，汇总 2017 年中国 31 个省区市（不包括港澳台）的装配式建筑监管政策，如图 4-1 所示。本书将这些监管政策划分为三类，即直接补贴、间接补贴和强制性指标要求。

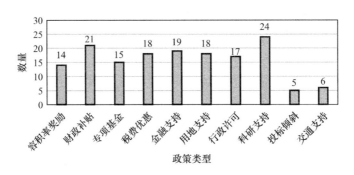

图 4-1 2017 年中国 31 省区市（不包括港澳台）装配式建筑监管政策数量

监管政策直接造成政府财政支出和装配式建造企业收益的增加，则称为直接补贴，比如财政补贴、专项基金、科研经费等措施。如果监管政策没有造成政府直接财政支出，而是通过间接监管增加企业获取项目机会或减少资金占用，从而鼓励其扩散装配式建造技术，称为间接补贴，比如用地支持、投标倾斜、提前预售、优先审批、容积率奖励、税费优惠等措施。不同于直接补贴，间接补贴无法获取直观损益数据或直接计算得到，而是需要通过经验预估换算。对装配式建造企业而言，土地支持和投标倾斜增加企业获取土地使用权和项目中标概率，增加潜在收益，而提前预售和优先审批有助于缓解企业资金压力。因此，直接补贴和间接补贴都属于鼓励性政策，对提升装配式建造企业经济效益和降低装配式建造技术采纳风险发挥重要作用。

我国装配式建筑发展尚不成熟，多数企业被动采纳装配式建造技术[176]，政府监管以鼓励性政策为主，但对于享受政府补贴的装配式建造企业仍需要一定约束，以确保装配式建造技术扩散的有效性。政府部门对装配式建造的强制性指标要求体现在装配率、预制率及装配式建造面积比例等方面。工程实践中装配率指标的使用最为广泛，且各地区均发布了装配率计算标准，因此，本书采用装配率指标要求进行监管政策的相关分析。不同项目的装配式建造指标数值有所差别，但都需要满足所在地区对装配率指标的底限要求。

综上所述，政府部门主要采用直接补贴和间接补贴方式刺激装配式建造企业做出技术扩散决策，并通过装配率指标要求监督装配式建造的执行。

4.2 装配式建造技术扩散主体决策机理分析

4.2.1 扩散主体决策过程的博弈关系

根据技术扩散理论，技术扩散是微观主体采纳创新技术的决策过程[63]，是潜在采纳者采纳决策相互影响、相互作用的博弈过程[17,18]。采用博弈论方法研究技术扩散，分析企业技术采纳的决策过程，能够对技术扩散的微观机理给出严格的理论解释[63]。装配式建造技术扩散取决于装配式建造企业是否采纳和如何采纳技术，即装配式建造企业在扩散决策形成和优化的不同阶段，与利益相关者发生博弈关系而做出相应的扩散决策。

在核心要素驱动下，技术采纳企业通过与其他技术采纳企业以及技术供给企业的博弈，做出是否扩散装配式建造技术的决策，即扩散决策的形成。装配式建造企业为有限理性个体，且决策无先后，满足演化博弈假设，局中人为装配式建造企业（包括技术采纳企业与技术供给企业），策略为是否扩散装配式建造技术，收益为装配式建造技术扩散的经济收益，博弈均衡解为特定情境下的演化稳定策略。由第3章分析已知，企业间交互、政策干预、网络权力和技术通用性对装配式建造技术扩散驱动作用显著，是装配式建造企业决策过程的关键动因。企业间交互通过竞争者和合作者两个维度的演化博弈关系表示，政策干预、网络权力和技术通用性分别通过监管政策、初始扩散偏好和技术扩散损益引入演化博弈模型中。

做出装配式建造技术扩散决策后，装配式建造企业会在满足政府关于装配率指标底限要求的基础上，调整扩散策略，做出如何扩散装配式建造技术的决策，以实现市场和政策约束下利润最大化[177]，即扩散决策的优化。政府部门作为装配式建造企业的重要利益相关者，通过不同政策影响企业扩散决策，同时优化政策配置，解决监管不完善的问题，以更有效引导装配式建造技术扩散实现市场化。因此，在扩散决策优化阶段，需要通过政府部门与装配式建造企业间的博弈关系分析，寻求二者同时达到效益最大化的最佳扩散决策及最优监管政策。政府部门先决策，装配式建造企业后决策，满足动态博弈假设，局中人为政府部门与装配式建造企业，策略分别为政府监管政策配置与企业装配式建造技术扩散决策，收益为政府部门代表的社会总收益和装配式建造企业经济收益，博弈均衡解为政府部门和装配式建造企业的子博弈完美纳什均衡。

综上所述，装配式建造企业的扩散决策过程就是主体间的博弈过程，包括扩散决策形成和扩散决策优化两个阶段。装配式建造企业扩散决策的形成与优化，分别通过企业间演化博弈和政企间动态博弈分析实现。

4.2.2 扩散主体决策的形成过程

装配式建造企业扩散决策源于对最大化经济利益的追逐，在一定初始扩散偏好下，装配式建造企业期望收益由市场经营收益与政策补贴收益两部分组成。

从竞争者维度，假设装配式建筑市场需求稳定，即短时期内没有大幅度波动，竞争企业（其他技术采纳企业）的存在会影响潜在技术采纳企业的市场需求量，从而影响其期望收益和技术采纳决策。技术采纳企业的市场经营效益期望值为装配式建筑产品的总收益与总成本之差及竞争企业影响下的收益变化之和。一方面，竞争者采纳装配式建造技术的收益越大，越会刺激其快速采纳装配式建造技术，瓜分早期垄断利润；同理，装配式建造企业采纳装配式建造技术的利润也会被其他竞争者分摊，随着竞争者数量增多，技术采纳企业获取垄断利润的机会变小，但由于市场愈加成熟，其会维持采纳决策而占领一定市场份额；如果装配式建造企业不采纳装配式建造技术，则竞争者获取市场需求增加带来的额外收益，会使其损失相应的机会收益；当竞争者放弃采纳装配式建造技术，会释放一部分市场需求，增加技术采纳企业的市场经营效益，但会影响其对市场发展前景的判断，因此需要综合政策补贴收益，做出相应的技术采纳决策。特定省域范围内，政府部门对采纳技术的装配式建造企业补贴力度无差异，装配式建造企业的政策补贴收益与企业采纳装配式建造技术总成本有关，需结合政策变量具体分析技术采纳企业的采纳决策形成。

从合作者维度，合作企业（技术供给企业）影响技术采纳企业采纳装配式建造技术的总成本，从而影响其期望收益和技术采纳决策。技术采纳企业的市场经营效益期望值为装配式建筑产品的总收益与总成本（供给企业总收益）之差，合作者的市场经营效益期望值为装配式建造技术的总收益（采纳企业的技术总成本）与总成本（技术研发成本）之差，技术采纳企业与其合作者的收益存在制约关系。合作者收益越大，技术供给企业越倾向于供给装配式建造技术，但会导致技术采纳企业的技术采纳总成本增加，采纳收益减少，而选择不采纳装配式建造技术，供需双方无法达成合作；同理，合作者收益减少，技术供给企业倾向于放弃供给装配式建造技术，尽管技术采纳企业的技术采纳总成本减少，采纳收益增加，而愿意采纳装配式建造技术，但供需双方仍然无法达成合作。此外，合作者收益的增加会导致更多的技术供给企业进入装配式建筑行业，装配式建造企业可选择的合作者范围变大，从而降低技术采纳成本，增加采纳收益，同时合作者数量增多影响技术采纳企业对行业发展前景的判断，影响其对装配式建造技术的采纳决策；合作者收益减少则产生相反的效果。因此，单纯通过市场经营收益无法准确分析技术采纳企业的采纳决策，需要综合政策补贴收益，即在不同政策变量影响下，分析技术采纳企业的采纳决策形成。

基于上述分析，装配式建造企业扩散决策的形成与所获得的期望收益直接相关，即在一定的初始扩散偏好下，装配式建造企业市场经营收益与政策补贴收益之和越大，其越倾向于扩散装配式建造技术。装配式建造企业的期望收益在不同情境下有所差异，导致企业对装配式建造技术的扩散决策发生相应的调整和演化，直至达到稳定状态。

4.2.3 扩散主体决策的优化原则

政府部门通过不同监管政策对装配式建造企业的扩散决策施加影响，同时装配式建造企业扩散决策也对政府部门监管成本产生影响，即反作用于政府监管政策的配置。探索满足装配率指标要求的企业最优扩散决策，以及使得装配式建造企业选择扩散的政府最优监管政策，满足现实约束下装配式建造企业经济效益与政府部门代表的社会总效益同时最大的"双赢"状态，有利于可持续的装配式建造技术扩散。

一方面，企业做出装配式建造技术扩散决策后，能够带动竞争企业与合作企业选择装配式建造技术，市场中扩散装配式建造技术的企业越来越多，行业发展趋于成熟，政府部门会相应调整监管政策内容和干预力度，来减轻财政负担，并逐渐交由市场机制自主调节。在企业扩散装配式建造技术（经济效益得到保证）的前提下，政府部门通过直接补贴、间接补贴及装配率指标要求三种监管政策的优化配置，达到社会整体效益的最大化。

另一方面，装配式建造企业扩散决策的形成与其期望收益直接相关，包括市场经营收益与政府补贴收益之和。企业通过调整自身装配式建造的管理力度和装配式建造面积，保障项目装配率指标要求的实现，同时装配式建造总成本最小。在政府部门多种政策监管下，装配式建造企业的技术扩散决策主要体现在单位面积装配式建造的管理投入以及装配式建造面积的选择。理论上，每个装配式企业都存在各自最优的技术扩散决策，但此种情况没有考虑所在区域内其他企业的扩散决策，容易导致其他企业扩散决策效果可能很差，与现实情境不符。一定时间内，装配式建筑市场需求稳定，在装配式建造资源有限、企业间资源竞争、政策持续调控的现实约束下，装配式建造企业的"最优"扩散决策实际是一个多重约束下的满意决策，即本书探索的区域内装配式建造企业扩散决策优化结果，并不一定是企业各自理想状态的最大值（理论最优值），而是当前阶段整体可接受的满意值，是满足资源约束条件下实现收益最大化的适宜扩散决策，在突出政企博弈关系的同时不失企业间交互的考量。

政府部门首先考虑到装配式建造企业对不同政策的反应，确定监管政策内容和干预力度，装配式建造企业基于此调整各自的扩散决策，这些决策进一步影响政府部门对于监管政策的配置，如此循环，符合典型的动态博弈。在此过程中，政府部门了解装配式建造企业的各项信息，装配式建造企业对于政府部门的监管政策也非常清楚，满足完全信息假设。因此，本书借助 Stackelberg 模型，研究政府部门与装配式建造企业的动态博弈过程[178]，探索装配式建造企业扩散决策与政府部门监管政策的协同优化。

4.3 装配式建造技术扩散主体决策的形成

装配式建造企业满足有限理性假设，在扩散决策的形成过程中能够不断试错和调整，最终达到博弈双方都满意的演化稳定策略。因此，本节从技术采纳者角度出发，构建包括竞争者与合作者两个维度的扩散主体模型，分析技术采纳企业的采纳决策形成，并揭示不同监管政策对采纳决策形成的影响机理。

4.3.1 扩散主体决策模型

4.3.1.1 演化博弈模型假设

扩散主体决策模型除符合演化博弈理论的基本假设条件外，还满足本书研究问题的特定假设，具体如下。

（1）通用假设

假设1：在当前中国装配式建筑的市场与政策环境下，装配式建造企业初始扩散偏好不会在短时间出现大幅度波动，在一定时间范围内可设定为常数。假设技术采纳企业的初始采纳偏好为 x，技术供给企业的初始供给偏好为 y。

假设2：企业一旦扩散装配式建造技术，则会实施装配式建造技术，并建造装配式建筑产品，获得相应损益。同理，装配式建造企业一旦选择扩散传统建造技术，则会实施传统建造技术，并建造传统建筑产品，获得相应损益。

假设3：政府部门对装配式建造企业提供多种直接补贴政策，包括直接行政补贴、专项基金、科研人才与资金支持等。这些政策能够减少装配式建造企业扩散装配式建造技术的总成本，降低技术扩散风险。因此，直接补贴金额与装配式建造企业扩散装配式建造技术的总成本正相关，即在政府补贴上限内，装配式建造企业的装配式建造成本越大，直接补贴金额越高。政府直接补贴政策在省域内统一，对于相同省域内的装配式建造企业直接补贴力度无差异，将直接补贴力度用直接补贴系数表示，记为 a。

假设4：政府部门对装配式建造企业提供多种间接补贴政策，包括快速审批、提前预售、用地保障、投标倾斜、容积率奖励等。间接补贴政策最具建筑领域特色，政府部门借助间接补贴政策提高装配式建造企业的建造效率，减少资金占用压力，促使装配式建造企业更乐于主动扩散装配式建造技术。政府间接补贴政策在省域范围内统一，对于相同省域内的装配式建造企业间接补贴力度相同，为简化计算且不影响结果可靠性，假设多种间接补贴政策共同作用下为装配式建造企业带来的转换收益为 G。

假设5：政府部门对享受直接和间接补贴政策的装配式建造企业，执行装配率指标要求。装配率指标要求越高，装配式建造企业扩散装配式建造技术的总成本越高，该指标要求在不同项目、不同省份都有所差异，但在省域范围内装配率指标底限要求统一。为简化计算，本书将装配率指标要求用装配率与装配式建造增量成本的转化系数表示，记为 b，即装配率指标要求提高 1%，装配式建造成本

增加 $b\%$。

（2）竞争者博弈假设

假设 1：不考虑其他约束，将同一省域内采纳装配式建造技术的所有装配式建造企业看作一个系统，从中随机抽取两个有差别的有限理性个体，记为技术采纳企业 1 和技术采纳企业 2。技术采纳企业 1 和技术采纳企业 2 都有两种选择，即采纳装配式建造技术和采纳传统建造技术。博弈双方根据初始采纳偏好、监管政策及对方关于装配式建造技术的采纳行为做出决策，并不断调整策略达到最大化收益，形成各自演化稳定的技术采纳决策。

假设 2：技术采纳企业在规模实力、人才储备、资源充分性等方面存在差异，采纳装配式建造技术的总成本不同。假设技术采纳企业的装配式建造技术采纳总成本为 $I_i(i=1, 2)$，包括人工费、材料费、设备费以及管理费等各种费用，且满足技术采纳企业对装配式建造技术采纳后的生产力高于采纳前，即采纳装配式建造技术比采纳传统建造技术收益增加，增量收益记为 $E_i(i=1, 2)$。

假设 3：装配式建筑市场需求不变，即竞争者的退出会增加技术采纳企业的销量从而影响技术采纳收益。具体来说，技术采纳企业 1 采纳装配式建造技术，技术采纳企业 2 采纳传统建造技术，会导致技术采纳企业 1 获得竞争者退出带来的收益增加，技术采纳企业 2 则会损失相同金额的机会收益。将竞争者影响下的额外收益记为 $W_i(i=1, 2)$，采纳装配式建造技术一方为正，反之为负。

（3）合作者博弈假设

假设 1：不考虑其他约束，将同一省域内采纳和供给装配式建造技术的所有装配式建造企业看作一个系统，从中随机抽取两个有限理性个体，分别为技术采纳企业与技术供给企业。技术采纳企业采纳装配式建造技术和采纳传统建造技术。技术供给企业供给装配式建造技术和供给传统建造技术。博弈双方根据初始扩散偏好、监管政策及对方关于装配式建造技术的扩散行为做出决策，并不断调整策略达到最大化收益，形成各自演化稳定的技术扩散决策。

假设 2：技术采纳企业购买装配式建造技术价格，即技术供给企业对装配式建造技术的供给收益记为 P_n；技术采纳企业购买传统建造技术价格，即技术供给企业对传统建造技术的供给收益记为 P_t。技术采纳企业对装配式建造技术的采纳收益记为 R_n，对传统建造技术的采纳收益记为 R_t。技术供给企业研发装配式建造技术的总成本记为 C_n，研发传统建造技术总成本记为 C_t。

基于上述假设，将扩散主体决策模型（包括竞争者演化博弈与合作者演化博弈）变量汇总，如表 4-1 所示。

演化博弈模型的全部变量汇总   表 4-1

变量	含义	备注
I_i	技术采纳企业 i 采纳装配式建造技术的总成本	$i=1, 2$
E_i	技术采纳企业 i 和竞争者（其他技术采纳企业）都采纳装配式建造技术时，相对传统建造方式增加的收益值	$i=1, 2$
W_i	技术采纳企业 i 采纳而竞争者（其他技术采纳企业）不采纳装配式建造技术时，竞争关系影响下的收益变动值	$i=1, 2$
a	政府部门对扩散装配式建造技术的装配式建造企业实施直接补贴的系数	$0<a<1$
G	政府部门对扩散装配式建造技术的装配式建造企业实施间接补贴的金额，是间接补贴政策带来的换算收益	经验值转换
b	装配率指标与装配式建造增量成本的转化系数	$0<b<1$
P_n	技术供给企业对装配式建造技术的售价，即技术采纳企业的装配式建造技术成本	/
P_t	技术供给企业对传统建造技术的售价，即技术采纳企业的传统建造技术成本	/
C_n	技术供给企业对装配式建造技术的研发成本	/
C_t	技术供给企业对传统建造技术的研发成本	/
R_n	技术采纳企业对装配式建造技术的采纳收益	/
R_t	技术采纳企业对传统建造技术的采纳收益	/
x_i	技术采纳企业 i 对装配式建造技术的初始采纳偏好	$0<x_i<1, i=1, 2$
$1-x_i$	技术采纳企业 i 对传统建造技术的初始采纳偏好	$0<1-x_i<1, i=1, 2$
y	技术供给企业对装配式建造技术的初始供给偏好	$0<y<1$
$1-y$	技术供给企业对传统建造技术的初始供给偏好	$0<1-y<1$
α	模型调节参数，值为 1 表示竞争者博弈模型，值为 0 表示合作者博弈模型	$\alpha=0$ 或 1

4.3.1.2 演化博弈模型提出

在模型假设条件与参数定义基础上，分别得到竞争者维度与合作者维度的演化博弈支付矩阵，如表 4-2 及表 4-3 所示。

竞争者博弈支付矩阵   表 4-2

策略集		技术采纳企业 2	
		采纳装配式建造技术	采纳传统建造技术
技术采纳企业 1	采纳装配式建造技术	$E_1-(1-a+b)I_1+G$ $E_2-(1-a+b)I_2+G$	$E_1-(1-a+b)I_1+W_1+G$ $-W_2$
	采纳传统建造技术	$-W_1$ $E_2-(1-a+b)I_2+W_2+G$	0 0

表 4-3

合作者博弈支付矩阵

策略集		技术采纳企业	
		采纳装配式建造技术	采纳传统建造技术
技术供给企业	供给装配式建造技术	$P_n-(1-a+b)C_n+G$ $R_n-(1-a+b)P_n+G$	$-(1-a+b)C_n+G$ 0
	供给传统建造技术	$-C_t$ 0	P_t-C_t R_t-P_t

在博弈初始阶段，技术采纳企业对装配式建造技术的采纳偏好为 x_i（$i=1$，2)，即技术采纳企业 1 采纳装配式建造技术的概率为 x_1，采纳传统建造技术的概率为 $1-x_1$；技术采纳企业 2 采纳装配式建造技术的概率为 x_2，采纳传统建造技术的概率为 $1-x_2$。技术供给企业对装配式建造技术的供给偏好为 y，即技术供给企业对装配式建造技术的供给概率为 y，对传统建造技术的供给概率为 $1-y$。初始采纳偏好 x_i 和供给偏好 y 都是时间 t 的函数，装配式建造企业关于是否扩散装配式建造技术的博弈是随着时间推移的演化过程。在装配式建造企业初始扩散偏好与监管政策影响下，通过竞争者与合作者演化博弈构建扩散主体决策模型，复制动态方程如下：

$$F(x_1)=x_1(1-x_1)\{\alpha[E_1-(1-a+b)I_1+W_1+G]+(1-\alpha)[y[R_n-P_n(1-a+b)+G+R_t-P_t]-(R_t-P_t)]\} \quad (4-1)$$

$$F(x_2)=x_2(1-x_2)[E_2-(1-a+b)I_2+W_2+G] \quad (4-2)$$

$$F(y)=y(1-y)[(P_n+P_t)x_1-C_n(1-a+b)+G-(P_t-C_t)] \quad (4-3)$$

式中　$F(x_1)$ ——技术采纳企业 1 的复制动态方程；

$\qquad x_1$——技术采纳企业 1 对装配式建造技术的初始采纳偏好；

$\qquad F(x_2)$ ——技术采纳企业 2 的复制动态方程；

$\qquad x_2$——技术采纳企业 2 对装配式建造技术的初始采纳偏好；

$\qquad F(y)$ ——技术供给企业的复制动态方程；

$\qquad y$——技术供给企业对装配式建造技术的初始供给偏好。

式（4-1）中的模型调节系数 α 区分技术采纳企业 1 的两种博弈关系，即：$\alpha=1$ 时，$F(x_1)$ 表示竞争者维度下技术采纳企业 1 的复制动态方程；$\alpha=0$ 时，$F(x_1)$ 表示合作者维度下技术采纳企业 1 的复制动态方程。由于技术采纳企业 2 在合作者维度下的演化博弈过程与技术采纳企业 1 一致，合作者演化博弈分析将仅对技术采纳企业 1 与技术供给企业展开。

此外，模型中的 3 个政策变量（a，G，b）取值均为零时，式（4-1)～式（4-3) 表示市场调节下不考虑政策干预的演化博弈复制动态方程。因此，式（4-1)～

式（4-3）包含了市场调节与政策干预两种情境、竞争者与合作者两种维度下完整的博弈信息。市场调节情境的演化博弈模型，是全部政策参数取值为零时的政策干预情境演化博弈模型的特例。在后续分析中，本书将重点阐述政策干预情境演化博弈模型的理论解析与仿真模拟，并将所得结果与市场调节情境的演化博弈结果作对比。

4.3.2 扩散主体决策的形成过程解析

4.3.2.1 竞争者演化博弈

在竞争者维度的演化博弈模型中，技术采纳企业1与技术采纳企业2的复制动态方程分别用式（4-4）表示。

$$\begin{cases} F(x_1) = dx_1/dt = x_1(1-x_1)[E_1 - (1-a+b)I_1 + W_1 + G] \\ F(x_2) = dx_2/dt = x_2(1-x_2)[E_2 - (1-a+b)I_2 + W_2 + G] \end{cases} \quad (4-4)$$

令 $F(x_1) = dx_1/dt = 0$，$F(x_2) = dx_2/dt = 0$，可得到4个局部均衡点，分别为 $O(0, 0)$，$A(1, 0)$，$B(1, 1)$ 和 $C(0, 1)$。雅克比矩阵为：

$$J = \begin{bmatrix} (1-2x_1)[E_1 - (1-\alpha+\beta)I_1 + W_1 + G] & 0 \\ 0 & (1-2x_2)[E_2 - (1-\alpha+\beta)I_2 + W_2 + G] \end{bmatrix} \quad (4-5)$$

计算得到 J 的行列式与 J 的迹如下：

$$\det J = (1-2x_1)[E_1 - (1-\alpha+\beta)I_1 + W_1 + G] \times (1-2x_2)[E_2 - (1-\alpha+\beta)I_2 + W_2 + G] \quad (4-6)$$

$$\operatorname{tr} J = (1-2x_1)[E_1 - (1-\alpha+\beta)I_1 + W_1 + G] + (1-2x_2)[E_2 - (1-\alpha+\beta)I_2 + W_2 + G] \quad (4-7)$$

令 $N_i = E_i - (1-a+b)I_i + W_i + G(i=1, 2)$，表示技术采纳企业采纳装配式建造技术相比采纳传统建造技术产生的增量收益。当 $a=b=G=0$，$N_i = E_i - (1-a+b)I_i + W_i + G(i=1, 2)$ 适用于市场调节情境的竞争者演化博弈分析，否则适用于政策干预情境。根据演化博弈理论[118]，博弈双方的演化稳定策略需满足 $\det J > 0$ 且 $\operatorname{tr} J < 0$，技术采纳演化稳定策略分析结果如表4-4所示。

技术采纳企业之间的演化稳定策略分析 表4-4

序号	局部均衡点		(0, 0)	(1, 0)	(1, 1)	(0, 1)
1	$N_1 > N_2 > 0$	$\det J$	+	−	+	−
		$\operatorname{tr} J$	+	−	−	+
		结果	不稳定	鞍点	ESS	鞍点

续表

序号	局部均衡点		(0, 0)	(1, 0)	(1, 1)	(0, 1)
2	$N_2>N_1>0$	$\det J$	+	−	+	−
		$\mathrm{tr}J$	+	+	−	−
		结果	不稳定	鞍点	ESS	鞍点
3	$N_1<N_2<0$	$\det J$	+	−	+	−
		$\mathrm{tr}J$	−	+	+	−
		结果	ESS	鞍点	不稳定	鞍点
4	$N_2<N_1<0$	$\det J$	+	−	+	−
		$\mathrm{tr}J$	−	+	+	+
		结果	ESS	鞍点	不稳定	鞍点
5	$N_1>0,\ N_2<0$	$\det J$	−	+	−	+
		$\mathrm{tr}J$	不确定	−	不确定	+
		结果	鞍点	ESS	鞍点	不确定
6	$N_1<0,\ N_2>0$	$\det J$	−	+	−	+
		$\mathrm{tr}J$	不确定	+	不确定	−
		结果	鞍点	不稳定	鞍点	ESS

由表 4-4 可知，六种收益组合对应于市场调节和政策干预下的四种不同情境：

（1）组合 1 和组合 2，当技术采纳企业 1 和技术采纳企业 2 对装配式建造技术的采纳收益均为正数，局部均衡点为（1，1），表明两个技术采纳企业都会采纳装配式建造技术。

（2）组合 3 和组合 4，当技术采纳企业 1 和技术采纳企业 2 对装配式建造技术的采纳收益均为负数，局部均衡点为（0，0），表明两个技术采纳企业都会采纳传统建造技术。

（3）组合 5，当技术采纳企业 1 对装配式建造技术的采纳收益为正数，而技术采纳企业 2 对装配式建造技术的采纳收益为负数，局部均衡点为（1，0），表明技术采纳企业 1 采纳装配式建造技术，而技术采纳企业 2 采纳传统建造技术。

（4）组合 6 与情境（3）结论相反。

竞争者演化博弈中，在最大化利益驱动下，采纳装配式建造技术的收益直接影响装配式建造企业技术采纳决策。市场需求一定，技术采纳收益此消彼长，但采纳决策分别做出，因此，竞争者间的技术采纳决策既彼此影响又相互独立。装配式建造企业结合竞争者的技术采纳行为调整自身采纳决策，最大化市场调节下的企业收益，并在政策干预下同步考虑政策收益影响。竞争者维度下装配式建造企业的采纳决策形成过程可通过演化相位图 4-2 表示。

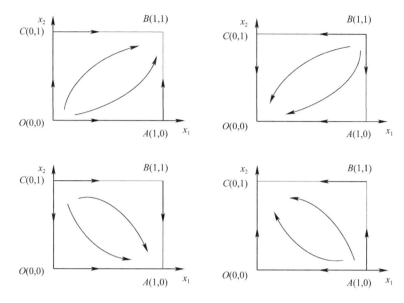

图 4-2 技术采纳企业之间博弈的演化相位图

4.3.2.2 合作者演化博弈

技术采纳企业 1 与技术供给企业的复制动态方程如式（4-8）所示。

$$\begin{cases} dx_1/dt = x_1(1-x_1)\{y^*[R_n-P_n(1-a+b)+G+R_t-P_t]-(R_t-P_t)\} \\ dx_2/dt = y(1-y)[(P_n+P_t)x_1-C_n(1-a+b)+G-(P_t-C_t)] \end{cases}$$

$$(4-8)$$

令 $dx_1/dt=0$，$dy/dt=0$，可得 5 个局部均衡点，分别为 $O(0, 0)$，$A(1, 0)$，$B(1, 1)$，$C(0, 1)$ 和 $D(x_1^*, y^*)$，其中

$$x_1^* = \frac{C_n(1-a+b)-G+(P_t-C_t)}{P_n+P_t}$$

$$y^* = \frac{R_t-P_t}{R_n-P_n(1-a+b)+G+R_t-P_t} \qquad (4-9)$$

雅克比矩阵为 $J=\begin{bmatrix} H_{11} & H_{12} \\ H_{21} & H_{22} \end{bmatrix}$，其中

$$\begin{cases} H_{11} = (1-2x_1)\{y[R_n-P_n(1-a+b)+G+R_t-P_t]-(R_t-P_t)\} \\ H_{12} = x_1(1-x_1)[R_n-P_n(1-a+b)+G+R_t-P_t] \\ H_{21} = y(1-y)(P_n+P_t) \\ H_{22} = (1-2y)[(P_n+P_t)x_1-C_n(1-a+b)+G-(P_t-C_t)] \end{cases} \qquad (4-10)$$

$$\det J = H_{11}H_{22}-H_{12}H_{21} \qquad (4-11)$$

$$\text{tr}J = H_{11}+H_{22} \qquad (4-12)$$

根据演化博弈理论[118]，演化稳定均衡点需满足 $\det J > 0$ 且 $\text{tr} J < 0$。当 $a = b = G = 0$，演化稳定策略结果适用于市场调节下的合作者演化博弈，除此之外都适用于政策干预情境。求解合作者演化博弈，得到技术采纳企业与技术供给企业 16 种收益组合下的演化稳定策略及其对应的局部均衡点，如表 4-5 所示。

技术采纳企业与技术供给企业博弈的演化稳定策略分析　　　　表 4-5

序号	局部均衡点		(0, 0)	(1, 0)	(1, 1)	(0, 1)	(x_1^*, y^*)
1	$R_n - P_n(1-a+b) + G > 0$, $P_n - C_n(1-a+b) + G + C_t > 0$, $R_t - P_t > 0$, $P_t - C_t + C_n(1-a+b) - G > 0$	$\det J$	+	+	+	+	不定
		$\text{tr} J$	−	+	−	+	0
		结果	Ess	/	Ess	/	鞍点
2	$R_n - P_n(1-a+b) + G > 0$, $P_n - C_n(1-a+b) + G + C_t > 0$, $R_t - P_t > 0$, $P_t - C_t + C_n(1-a+b) - G < 0$	$\det J$	−	+	+	−	不定
		$\text{tr} J$	不定	+	−	不定	0
		结果	鞍点	/	ESS	鞍点	鞍点
3	$R_n - P_n(1-a+b) + G > 0$, $P_n - C_n(1-a+b) + G + C_t > 0$, $R_t - P_t < 0$, $P_t - C_t + C_n(1-a+b) - G > 0$	$\det J$	−	−	+	+	不定
		$\text{tr} J$	不定	不定	−	+	0
		结果	鞍点	鞍点	ESS	/	鞍点
4	$R_n - P_n(1-a+b) + G > 0$, $P_n - C_n(1-a+b) + G + C_t < 0$, $R_t - P_t > 0$, $P_t - C_t + C_n(1-a+b) - G > 0$	$\det J$	+	−	−	+	不定
		$\text{tr} J$	−	不定	不定	+	0
		结果	Ess	鞍点	鞍点	/	鞍点
5	$R_n - P_n(1-a+b) + G < 0$, $P_n - C_n(1-a+b) + G + C_t > 0$, $R_t - P_t > 0$, $P_t - C_t + C_n(1-a+b) - G > 0$	$\det J$	+	+	−	−	不定
		$\text{tr} J$	−	+	不定	不定	0
		结果	Ess	/	鞍点	鞍点	鞍点
6	$R_n - P_n(1-a+b) + G > 0$, $P_n - C_n(1-a+b) + G + C_t > 0$, $R_t - P_t < 0$, $P_t - C_t + C_n*(1-a+b) - G < 0$	$\det J$	+	−	+	−	不定
		$\text{tr} J$	+	不定	−	不定	0
		结果	/	鞍点	ESS	鞍点	鞍点
7	$R_n - P_n(1-a+b) + G > 0$, $P_n - C_n(1-a+b) + G + C_t < 0$, $R_t - P_t > 0$, $P_t - C_t + C_n(1-a+b) - G > 0$	$\det J$	−	−	−	−	不定
		$\text{tr} J$	不定	不定	不定	不定	0
		结果	鞍点	鞍点	鞍点	鞍点	鞍点
8	$R_n - P_n(1-a+b) + G < 0$, $P_n - C_n(1-a+b) + G + C_t > 0$, $R_t - P_t > 0$, $P_t - C_t + C_n(1-a+b) - G < 0$	$\det J$	−	+	−	+	不定
		$\text{tr} J$	不定	+	不定	−	0
		结果	鞍点	/	鞍点	ESS	鞍点
9	$R_n - P_n(1-a+b) + G > 0$, $P_n - C_n(1-a+b) + G + C_t < 0$, $R_t - P_t < 0$, $P_t - C_t + C_n(1-a+b) - G > 0$	$\det J$	−	+	−	+	不定
		$\text{tr} J$	不定	−	不定	+	0
		结果	鞍点	ESS	鞍点	/	鞍点

续表

序号	局部均衡点		(0, 0)	(1, 0)	(1, 1)	(0, 1)	(x_1^*, y^*)
10	$R_n-P_n(1-a+b)+G<0$, $P_n-C_n(1-a+b)+G+C_t>0$, $R_t-P_t<0$, $P_t-C_t+C_n(1-a+b)-G>0$	$\det J$	−	−	−	−	不定
		$\operatorname{tr}J$	不定	不定	不定	不定	0
		结果	鞍点	鞍点	鞍点	鞍点	鞍点
11	$R_n-P_n(1-a+b)+G<0$, $P_n-C_n(1-a+b)+G+C_t<0$, $R_t-P_t>0$, $P_t-C_t+C_n(1-a+b)-G>0$	$\det J$	+	−	+	−	不定
		$\operatorname{tr}J$	−	不定	+	不定	0
		结果	Ess	鞍点	/	鞍点	鞍点
12	$R_n-P_n(1-a+b)+G>0$, $P_n-C_n(1-a+b)+G+C_t<0$, $R_t-P_t<0$, $P_t-C_t+C_n(1-a+b)-G<0$	$\det J$	+	+	−	−	不定
		$\operatorname{tr}J$	+		不定	不定	0
		结果	/	ESS	鞍点	鞍点	鞍点
13	$R_n-P_n(1-a+b)+G<0$, $P_n-C_n(1-a+b)+G+C_t>0$, $R_t-P_t<0$, $P_t-C_t+C_n(1-a+b)-G<0$	$\det J$	+	−	−	+	不确定
		$\operatorname{tr}J$	+	不定	不定	−	0
		结果	/	鞍点	鞍点	ESS	鞍点
14	$R_n-P_n(1-a+b)+G<0$, $P_n-C_n(1-a+b)+G+C_t<0$, $R_t-P_t<0$, $P_t-C_t+C_n(1-a+b)-G>0$	$\det J$	−	+	+	−	不定
		$\operatorname{tr}J$	不定	−	+	不定	0
		结果	鞍点	ESS	/	鞍点	鞍点
15	$R_n-P_n(1-a+b)+G<0$, $P_n-C_n(1-a+b)+G+C_t<0$, $R_t-P_t>0$, $P_t-C_t+C_n(1-a+b)-G<0$	$\det J$	−	−	+	+	不定
		$\operatorname{tr}J$	不定	不定	−	−	0
		结果	鞍点	鞍点	/	ESS	鞍点
16	$R_n-P_n(1-a+b)+G<0$, $P_n-C_n(1-a+b)+G+C_t<0$, $R_t-P_t<0$, $P_t-C_t+C_n(1-a+b)-G<0$	$\det J$	+	+	+	+	不定
		$\operatorname{tr}J$	+	−	+	−	0
		结果	/	ESS	/	ESS	鞍点

由表4-5可知，16种收益组合对应于市场调节和政策干预下的16种不同情境。大多数情境都能达到演化稳定状态，并获得相应的演化稳定策略。特别地，对第一种情境，当采纳和供给装配式建造技术以及传统建造技术的收益都为正数，存在两个局部均衡点（0，0）和（1，1），表明装配式建造企业可能选择装配式建造技术也可能选择传统建造技术。对第16种情境，当采纳和供给装配式建造技术以及传统建造技术的收益都为负数，存在两个局部均衡点（1，0）和（0，1），即技术采纳企业采纳装配式建造技术而技术供给企业供给传统建造技术，或者技术采纳企业采纳传统建造技术而技术供给企业供给装配式建造技术，表明技术采纳企业与技术供给企业之间的合作无法达成。对第7、10种情境，当技术采纳企业采纳装配式建造技术和传统建造技术的收益均为正数（或者负数），而技术供给企业供给装配式建造技术和传统建造技术的收益均为负数（或者正

数），技术采纳企业与技术供给企业的利益冲突严重，二者间合作无法达成，此时演化博弈不存在局部均衡点。对于第 7、10 和 16 种情境，由于技术采纳企业与技术供给企业的合作或交易无法达成，不能发生两种建造技术的实质性扩散。

在合作者演化博弈中，装配式建造企业的技术扩散决策同时受到自身采纳（或供给）收益以及合作者收益的影响，技术扩散决策形成过程如图 4-3 所示。

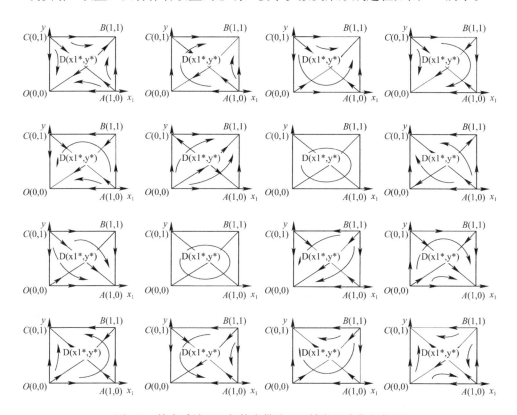

图 4-3　技术采纳企业与技术供给企业博弈的演化相位图

4.3.3　扩散主体决策形成的仿真模拟

本节采用 Matlab2017a 软件编程，分别在竞争者与合作者维度的演化博弈中，模拟不同收益组合下博弈双方扩散决策的演化收敛过程，并分析直接补贴、间接补贴及装配率指标要求三种监管政策对装配式建造企业采纳决策结果与速度的影响。为保证可视化效果，政策变量对企业采纳决策速度影响的曲线横坐标取值范围存在差异。数值模拟的参数设置原则是理论情境约束范围内随机设置模拟参数，即：竞争者博弈的模拟参数设置需满足表 4-4 对应的 6 种收益组合情境，合作者博弈的模拟参数设置符合表 4-5 对应的 16 种收益组合情境。经过多次试验检

验发现，满足各自收益组合情境限制下的参数数值变化只影响曲线延伸程度，不
改变演化趋势及最终收敛的扩散策略。

4.3.3.1 扩散主体决策的形成过程

（1）竞争者演化博弈

固定技术采纳企业1和技术采纳企业2的采纳收益为正且不变，在初始采纳
偏好分别为0.1、0.4、0.7及0.9时，模拟技术采纳企业1对装配式建造技术的
初始采纳偏好对其采纳决策的影响，如图4-4所示。初始采纳偏好越高，曲线越
高且越短，表明技术采纳企业1对装配式建造技术的初始采纳偏好越大，采纳速
度越快，越容易做出装配式建造技术的采纳决策，反之则否。同理分析初始采纳
偏好对技术采纳企业2的采纳决策影响，得到相同结论。不论市场调节与政策干
预情境，装配式建造企业演化稳定策略都对初始采纳偏好的变动敏感。因此，装
配式建造企业初始采纳偏好对其采纳装配式建造技术决策发挥重要作用，政府部
门可以通过政策影响装配式建造企业初始采纳偏好，加强企业社会责任，尤其引
导网络权力较大的企业采纳装配式建造技术，带动整个行业加速装配式建造技术
扩散。

固定技术采纳企业1和技术采纳企业2对装配式建造技术的初始采纳偏好，
即$x_1=0.2$，$x_2=0.3$，模拟装配式建造企业四种收益组合情境对双方采纳决策的
影响，如图4-5所示。只有当技术采纳企业1和技术采纳企业2的采纳收益N_1和
N_2都为正数时，能够达到双方都采纳装配式建造技术的"理想状态"。

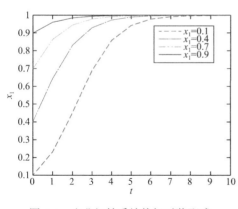 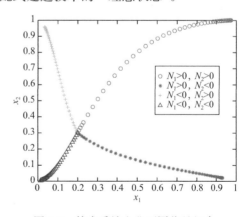

图4-4 企业初始采纳偏好对装配式 　　图4-5 技术采纳企业不同收益组合
　建造技术采纳决策的影响 　　　　　对技术采纳决策的影响

其他收益组合也会达到相应的演化稳定状态，与表4-4理论分析结果一致。
竞争者演化博弈中，技术采纳企业的演化稳定策略只与各自采纳收益有关，与竞
争者收益无关，即不论市场调节还是政策干预情境，只要技术采纳企业收益为正

数，其最终会做出装配式建造技术采纳决策，反之则否。

（2）合作者演化博弈

固定技术采纳企业和技术供给企业的扩散收益为正且不变，在初始扩散偏好分别为0.1、0.4、0.7及0.9时，模拟技术采纳企业和技术供给企业对装配式建造技术初始扩散偏好对其扩散决策的影响，如图4-6所示。

图4-6(a)表明技术采纳企业对装配式建造技术的初始采纳偏好越大，越容易做出装配式建造技术采纳决策，采纳速度越快，反之则否。同理分析初始供给偏好对技术供给企业扩散决策的影响，如图4-6(b)所示。可以看到，技术供给企业对装配式建造技术的初始供给偏好越大，越容易做出装配式建造技术供给决策，且供给速度越快，与4-6(a)所得结论相似。

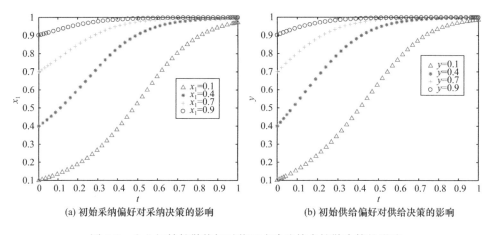

(a) 初始采纳偏好对采纳决策的影响　　(b) 初始供给偏好对供给决策的影响

图 4-6　企业初始扩散偏好对装配式建造技术扩散决策的影响

固定技术采纳企业和技术供给企业对装配式建造技术的初始扩散偏好，即 $x_1=0.5$，$y=0.3$，模拟装配式建造企业扩散装配式建造技术的 16 种收益组合对双方扩散决策的影响，如图4-7所示。为更清晰、直观，16 种收益组合情境被划分为四组图分别模拟。

特别地，对应第 1 种收益组合情境，当装配式建造企业对装配式建造技术与传统建造技术的扩散收益均为正数，存在两个局部均衡点（0，0）和（1，1），即装配式建造企业做出装配式建造技术扩散决策的机会与传统建造技术相同。对应第 16 种组合情境，当装配式建造企业对装配式建造技术与传统建造技术的扩散收益均为负数，存在两个局部均衡点（1，0）和（0，1），这意味着技术采纳与供给双方的交易无法达成，（1，0）和（0，1）仅为演化的理论均衡点，不能实现技术的实际扩散。

此外，对应第 7 种和第 10 种组合情境，当技术采纳企业对装配式建造技术和传统建造技术的采纳收益均为正数（或者均为负数），而技术供给企业对装配式建造技术和传统建造技术的供给收益均为负数（或者均为正数），则不存在局部均衡点，即技术采纳企业与技术供给企业对装配式建造技术或传统建造技术的采纳与供给决策都相反，理论均衡与实际扩散都无法实现。其他 12 种收益组合情境能够达到相应的演化稳定状态，获得局部均衡解。

由图 4-7 可知，所有收益组合情境的模拟分析结果与表 4-5 理论分析完全一致。合作者演化博弈分析发现，技术采纳企业对装配式建造技术的采纳决策不只与自身采纳收益有关，还受其合作者的供给收益影响。不论市场调节情境与政策干预情境，只有技术采纳企业与技术供给企业的扩散收益均为正，装配式建造技术才能发生实际扩散。

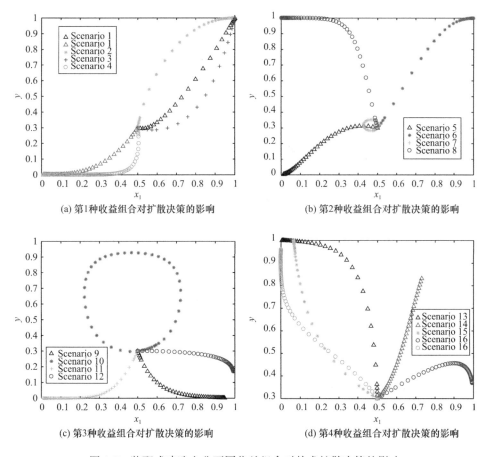

图 4-7　装配式建造企业不同收益组合对技术扩散决策的影响

4.3.3.2 政策对扩散主体决策形成过程的影响机理

本节重点分析竞争者与合作者演化博弈中直接补贴系数、装配式指标要求及间接补贴金额 3 个政策变量对装配式建造企业扩散决策形成的影响机理。

（1）竞争者演化博弈

1）直接补贴系数

固定其他参数，模拟直接补贴对装配式建造企业的技术采纳决策与采纳速度的影响，如图 4-8 所示。

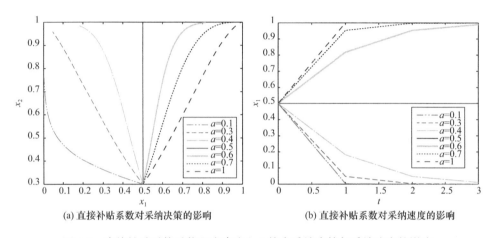

(a) 直接补贴系数对采纳决策的影响　　　(b) 直接补贴系数对采纳速度的影响

图 4-8　直接补贴系数对装配式建造企业技术采纳决策与采纳速度的影响

由图 4-8(a) 可知，直接补贴系数 a 越大，曲线向（1，1）靠近越显著，装配式建造企业越倾向于采纳装配式建造技术，反之则采纳传统建造技术。特别地，直接补贴系数 $a=0.5$（仅代表本次模拟结果）是两种不同演化稳定策略的近似分界点。

由图 4-8(b) 可知，当 $a>0.5$，符合直接补贴系数越大、曲线斜率越大、装配式建造企业对装配式建造技术采纳速度越快的结论，而当 $a<0.5$，符合直接补贴系数越小、曲线斜率越大、装配式建造企业对传统建造技术采纳速度越快的结论。装配式建造企业的技术采纳决策对直接补贴系数十分敏感，直接补贴系数越高，越能促进装配式建造企业采纳装配式建造技术，但过高的直接补贴会增加政府部门财政负担。

综上，不同采纳决策对应的直接补贴系数存在拐点，政府部门可以提供适宜的直接补贴，既避免补贴过低无法激励企业采纳装配式建造技术，又能避免补贴过高浪费财政资源。

2）装配率指标要求

固定其他参数，模拟装配率指标要求对装配式建造企业技术采纳决策与采纳速度的影响，如图 4-9 所示。

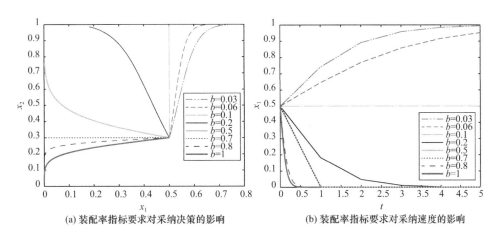

(a) 装配率指标要求对采纳决策的影响   (b) 装配率指标要求对采纳速度的影响

图 4-9　装配率指标要求对装配式建造企业技术采纳决策与采纳速度的影响

由图 4-9(a) 可知，装配率指标要求越高，曲线向（1，1）靠近越显著，装配式建造企业越倾向于采纳传统建造技术，反之则采纳装配式建造技术，这是因为装配率造成装配式建造企业总成本的增加。特别地，装配率指标要求 $b=0.1$ 和 $b=0.7$（仅代表本次模拟结果）是三种不同演化稳定策略的近似分界点。

由图 4-9(b) 可知，当 $b>0.7$，装配率指标要求越大，曲线斜率越大，装配式建造企业采纳传统建造技术的速度越快，当 $b<0.1$，则装配率指标要求越小，曲线斜率越大，装配式建造企业采纳装配式建造技术的速度越快。装配式建造企业的技术采纳决策对装配率指标要求变动很敏感，较低的装配率指标要求有利于装配式建造企业采纳装配式建造技术，但装配率指标要求过低则无法满足装配式建造的基本要求。

上述分析发现，不同采纳决策对应的装配率指标要求存在拐点值，政府部门可以结合省域装配式建筑整体发展水平设置合理的装配率指标要求，促使装配式建造企业做出装配式建造技术采纳决策。

3）间接补贴金额

固定其他参数，模拟间接补贴金额对装配式建造企业技术采纳决策与采纳速度的影响，如图 4-10 所示。

由图 4-10(a) 可知，间接补贴金额越大，曲线向（1，1）靠近越显著，装配式建造企业越倾向于采纳装配式建造技术，反之则采纳传统建造技术。特别地，间接补贴金额 $G=3.5$（仅代表本次模拟结果）是两种不同演化稳定策略的近似分界点。

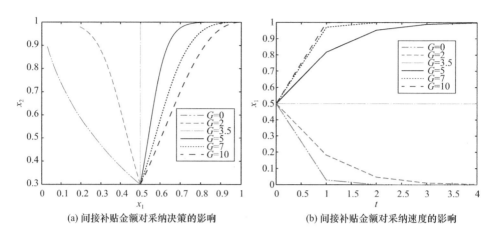

| (a) 间接补贴金额对采纳决策的影响 | (b) 间接补贴金额对采纳速度的影响 |

图 4-10　间接补贴金额对装配式建造企业技术采纳决策与采纳速度的影响

由图 4-10（b）可知，当 $G>3.5$，间接补贴金额越大，曲线斜率越大，装配式建造企业采纳装配式建造技术的速度越快，而当 $G<3.5$，间接补贴金额越小，曲线斜率越大，装配式建造企业采纳传统建造技术的速度越快。装配式建造企业的技术采纳决策对间接补贴金额变动很敏感。间接补贴金额越高，对装配式建造企业采纳装配式建造技术的促进作用越强，但补贴过高会增加政府部门的监管负担。

上述分析发现，不同采纳决策对应的间接补贴金额存在拐点值，政府部门可以合理规划间接补贴政策，实现装配式建造企业采纳装配式建造技术同时政府监管成本最小的"双赢"目标。

（2）合作者演化博弈

1）直接补贴系数

固定其他参数，模拟直接补贴系数对装配式建造企业的技术扩散决策与扩散速度的影响，如图 4-11 所示。由图 4-11（a）可知，直接补贴系数 a 越大，曲线向（1，1）靠近越显著，装配式建造企业越倾向于扩散装配式建造技术，反之则扩散传统建造技术。特别地，直接补贴系数 $a=0.24$（仅代表本次模拟结果）是两种不同演化稳定策略的近似分界点。由图 4-11（b）可知，当 $a>0.24$，符合直接补贴系数越大、曲线斜率越大、装配式建造企业对装配式建造技术扩散速度越快的结论，而当 $a<0.24$，符合直接补贴系数越小、曲线斜率越大、装配式建造企业对传统建造技术扩散速度越快的结论。

装配式建造企业的技术扩散决策对直接补贴系数十分敏感，政府部门需要利用装配式建造企业扩散决策对应的直接补贴系数拐点值，最大化政府部门有限的财政资源。

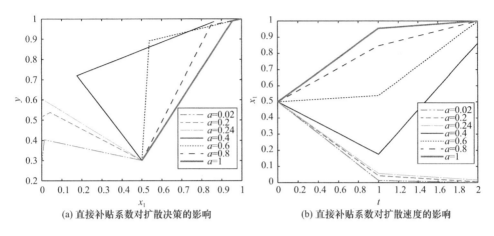

(a) 直接补贴系数对扩散决策的影响   (b) 直接补贴系数对扩散速度的影响

图 4-11　直接补贴系数对装配式建造企业技术扩散决策与扩散速度的影响

2) 装配率指标要求

固定其他参数，模拟装配率指标要求对装配式建造企业的技术扩散决策与扩散速度的影响，如图 4-12 所示。

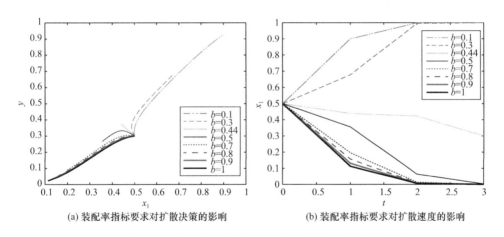

(a) 装配率指标要求对扩散决策的影响   (b) 装配率指标要求对扩散速度的影响

图 4-12　装配率指标要求对装配式建造企业技术扩散决策与扩散速度的影响

由图 4-12(a) 可知，装配率指标要求越大，曲线向（0，0）靠近越显著，装配式建造企业越倾向扩散传统建造技术，反之则扩散装配式建造技术。特别地，装配率指标要求 $b=0.44$（仅代表本次模拟结果）是两种不同演化稳定策略的近似分界点。

由图 4-12(b) 可知，当 $b>0.44$，装配率指标要求越大，曲线斜率越大，装配式建造企业扩散传统建造技术的速度越快，当 $b<0.44$，则装配率指标要求越

小，曲线斜率越大，装配式建造企业扩散装配式建造技术的速度越快。

装配式建造企业的技术扩散决策对装配率指标要求变动很敏感。不同扩散决策对应的装配率指标要求存在拐点值，政府部门可设置合理的装配率指标要求，逐步完成高装配率目标。

3）间接补贴金额

固定其他参数，模拟间接补贴金额对装配式建造企业的技术扩散决策与扩散速度的影响，如图 4-13 所示。

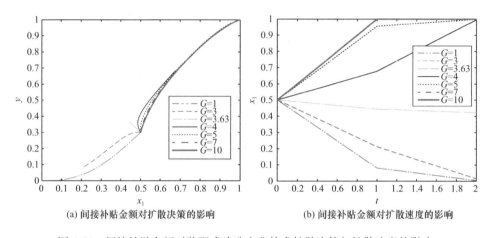

(a) 间接补贴金额对扩散决策的影响　　(b) 间接补贴金额对扩散速度的影响

图 4-13　间接补贴金额对装配式建造企业技术扩散决策与扩散速度的影响

由图 4-13(a) 可知，间接补贴金额越大，曲线向（1，1）靠近越显著，装配式建造企业越倾向于扩散装配式建造技术，反之则扩散传统建造技术。特别地，间接补贴金额 $G=3.63$（仅代表本次模拟结果）是两种不同演化稳定策略的近似分界点。

由图 4-13(b) 可知，当 $G>3.63$，间接补贴金额越大，曲线斜率越大，装配式建造企业扩散装配式建造技术的速度越快，而当 $G<3.63$，间接补贴金额越小，曲线斜率越大，装配式建造企业扩散传统建造技术的速度越快。

装配式建造企业的技术扩散决策对间接补贴金额变动很敏感，间接补贴金额越高，越有利于装配式建造企业扩散装配式建造技术，但却加重政府部门的监管负担。间接补贴政策类型很多，政府部门可以通过间接补贴政策的不同配置，达到促进装配式建造企业扩散装配式建造技术的良好效果。

综上所述，政府部门直接补贴与间接补贴的鼓励性政策以及装配率指标的强制性要求，均对装配式建造企业扩散决策的形成过程影响显著，且存在合理的拐点数值实现装配式建造企业做出装配式建造技术扩散决策、同时政府监管成本最小的最佳状态。装配式建造企业扩散决策及政府部门监管政策的协同优化问题，将在 4.4 节详细论述。

4.4 装配式建造技术扩散主体决策的优化

在装配式建筑市场中，技术采纳企业多为开发企业和施工企业，通过采纳装配式建造技术实现装配式建造。技术供给企业分为两种类型，一种是单纯的技术供给企业，主要指构配件生产企业、技术服务以及从事科研试验的机构，另一种是能够进行装配式建造的房地产开发企业和施工企业。由 4.3.1.1 节通用假设条件 2，技术采纳企业和技术供给企业只要采纳或供给装配式建造技术，就会实施装配式建造过程，为保持研究对象的一致性，本节对于装配式建造企业的扩散决策优化分析，不区分采纳企业和供给企业，特指具备装配式建造能力的房地产开发企业。

监管政策分析与 4.1.2 节一致，包括直接补贴、间接补贴和装配率指标要求，且只关注房地产开发企业涉及的方面，不包括单独针对构配件生产、技术服务等方面的相关政策，比如低碳建材增值税优惠等。

4.4.1 扩散主体决策优化模型

4.4.1.1 Stackelberg 模型假设

装配式建造企业 i 的技术扩散决策是选择装配式建造面积 S_i 及单位面积装配式建造的管理投入 r_i，支付函数是其装配式建造经济效益。政府部门的监管决策是对所在省域装配式建造企业实施装配式建造相关的政策干预，包括直接补贴系数 λ、间接补贴系数 μ 及装配率指标要求 β，支付函数是装配式建造企业扩散装配式建造技术的经济效益及额外产生的环境与社会效益。装配式建造企业扩散决策与政府部门监管政策的优化，借助 Stackelberg 模型实现，需要满足如下假设条件。

假设 1：在同一个区域，$n(n>1)$ 个装配式建造企业建造同类型无差别的装配式建筑产品。

假设 2：一定时间内，装配式建造企业 $i(i=1, 2, \cdots, n)$ 的装配式建造面积为 S_i，所在区域装配式建造企业的装配式建造总面积为 $S=\sum\limits_{i=1}^{n} S_i=\sum\limits_{k\neq i}^{n} S_k + S_i$。

假设 3：在装配式建筑产品市场，装配式建造企业 i 的装配式建造收益 R_{i1} 是装配式建造企业单位面积售价 P_i 与装配式建造面积 S_i 的函数，即 $R_{i1}=P_i \cdot S_i$。根据需求函数 $S=A-BP$，得到反需求函数 $P=a-bS$，$a=A/B$，$b=1/B$。其中

A 和 B 为常数，分别表示所在省域对装配式建筑产品的市场总需求以及装配式建筑产品的需求价格弹性，假设供求平衡，满足 $A>0$，$B>0$，且 $a-bS>0$。

假设4：装配式建造企业的装配式建筑建造安装成本为 C_{i1}，是装配式建造面积 S_i 的函数，即 $C_{i1}=\overline{C}S_i$，其中 $\overline{C}$ 为装配式建筑单位面积建造成本均值。装配式建造企业为保障项目装配率指标要求的实现，需要投入装配式建造管理成本，记为 C_{i2}，其与单位面积装配式建造管理成本 r_i 及装配式建造面积 S_i 有关，且随单位面积装配式建造管理成本 r_i 及装配式建造面积 S_i 的增长而不断增加，因此，装配式建造企业的装配式建造管理成本是单位面积装配式建造管理成本 r_i 及装配式建造面积 S_i 的函数，即 $C_{i2}=r_iS_i$。装配式建造企业 i 装配式建筑建造总成本记为 C_{i0}，$C_{i0}=C_{i1}+C_{i2}=(\overline{C}+r_i)S_i$，满足 $\partial C_{i0}/\partial r_i>0$，$\partial C_{i0}/\partial S_i>0$。装配式建造企业在建造过程中需要满足政府发布的装配率指标要求，该指标要求会导致装配式建筑建造总成本的增加，用装配率与装配式建造增量成本的转化系数表示，记为 β。则在装配式建造指标要求下，装配式建造企业 i 建造装配式建筑的总成本为 C_i，$C_i=(1+\beta)C_{i0}=(1+\beta)(\overline{C}+r_i)S_i$，同样满足 $\partial C_i/\partial r_i>0$，$\partial C_i/\partial S_i>0$。

假设5：装配式建造企业 i 在装配式建筑建造过程中，实际装配率指标存在不合格的可能性，一般与其投入的装配式建造管理成本 C_{i2} 有关。假设装配式建造企业 i 装配率指标不合格的概率为 ε_i，随着装配式建造企业 i 投入的装配式建造管理成本 C_{i2} 的增加而降低，ε_i 是 C_{i2} 的递减函数，即 $\varepsilon_i=m/(m+C_{i2})$。其中，$m$ 为常数。当 $C_{i2}=0$ 时，$\lim\limits_{C_{i2}\to0}\varepsilon_i=1$，表示如果企业不对装配式建造实施情况投入管理成本，装配率指标必然不合格，导致失信并承担相应的违约责任或罚金损失。装配式建造企业 i 的装配率指标不合格时，政府会取消政策扶持，并计入企业诚信档案。假设企业会面临的失信损失为 F_i，与装配率指标不合格概率 ε_i 及所在省域装配式建造企业失信的平均损失 $\overline{F}$ 有关，且是 ε_i 与 $\overline{F}$ 的递增函数，即 $F_i=\varepsilon_i\overline{F}=m\overline{F}/(m+C_{i2})=m\overline{F}/(m+r_iS_i)$，满足 $\partial F_i/\partial r_i<0$，$\partial F_i/\partial S_i<0$。

假设6：政府部门为推进装配式建造技术的扩散，对装配式建造企业 i 实行直接补贴与间接补贴。直接补贴 R_{i2} 能够直接促使装配式建造企业 i 的收益增加，比如直接财政补贴、专项基金以及科研经费等。假设这些直接补贴政策共同作用下的补贴系数为 λ，直接补贴 R_{i2} 与直接补贴系数 λ 及装配式建造企业 i 的装配式建筑建造总成本有关，即 $R_{i2}=\lambda C_{i0}=\lambda(\overline{C}+r_i)S_i$，满足 $\partial R_{i2}/\partial r_i>0$，$\partial R_{i2}/\partial S_i>0$。间接补贴能够提高装配式建造企业的施工进度和获得项目建造的机会，增加潜在收益，或减少资金占用，降低装配式建造总成本，包括快速审批、提前预售、土地保障、容积率奖励、税费优惠以及投标倾斜等。间接补贴形式丰富，但不会为装配式建造企业带来直接且直观的经济收益，而是间接增加装配式建造企业的潜在收益或机会收益，有助于装配式建造企业降低采纳风险与建造成本。政府对装配式建造企业单位面积的间接补贴力度相同，用间接补贴系数 μ 表示。假设在上述间接补贴政策的共同作用下，装配式建造企业可能获得的潜在收益或机会收益为 R_{i3}，表示多种间接补贴共同作用下的转换收益值，与间接补贴系数 μ 及装配式建造企业 i 的装配式建筑建造总成本有关，即 $R_{i3}=\mu C_i=\mu(1+\beta)(\overline{C}+r_i)S_i$，满足 $\partial R_{i3}/\partial r_i>0$，$\partial R_{i3}/\partial S_i>0$。

假设7：政府部门在推进装配式建造过程中，能够获得显著的碳减排、资源能源消耗量降低以及固体垃圾减少等环境与社会效益。碳减排效益 R_1 是装配式建造技术扩散最重要的环境效益，与碳交易价格 P_0、单位面积平均碳减排数量 Q 以及装配式建造企业装配式建造面积 S 有关，即 $R_1=P_0QS=P_0Q\sum_{i=1}^{n}S_i$，满足 $\partial R_1/\partial S_i>0$。资源能源消耗量降低与固体垃圾减少的效益在不同项目间差异显著，为简化计算，假设二者的综合社会效益为 R_2，是装配式建造面积 S 的递增函数，即 $R_2=\omega S=\omega\sum_{i=1}^{n}S_i$，其中 ω 为能耗降低与固体垃圾减少的单位面积综合社会效益平均值，则政府获得的全部环境与社会效益 $R=R_1+R_2=(P_0Q+\omega)\sum_{i=1}^{n}S_i$，满足 $\partial R/\partial S_i>0$。

假设8：政府部门在发展装配式建筑过程中，需要支付对装配式建造企业的直接补贴（比如财政补贴、专项基金等），还对间接补贴的实施及装配率指标要求的监督投入相应的人力、物力等监管成本，保障装配式建造技术的有效扩散。假设政府部门对装配式建造技术扩散的监管总成本为 C_s，与监管力度 t、单位面积监管成本 θ 以及全部装配式建造企业装配式建造总面积 S 有关。其中，监管力度与直接补贴和间接补贴的系数有关，两种补贴系数 λ 和 μ 越大，表明政府部门的整体监管力度 t 越高，满足 $t=\lambda+\mu-\lambda\mu$，则政府部门对装配式建筑建造的监管总成本表示为 $C_s=t\theta S=(\lambda+\mu-\lambda\mu)\theta\sum_{i=1}^{n}S_i$，满足 $\partial C_s/\partial S_i>0$。

4.4.1.2 Stackelberg 模型提出

基于上述假设条件与参数分析，分别得到政府部门与装配式建造企业的支付函数如下。

政府部门支付函数为：

装配式建造技术扩散机制与治理策略研究

$$\max U_G = \sum_{i=1}^{n}(R_{i1} + R_{i2} + R_{i3} - C_i) + R - C_s \tag{4-13}$$

装配式建造企业支付函数为：

$$\max U_E = R_{i1} + R_{i2} + R_{i3} - C_i - F_i \tag{4-14}$$

政府部门与装配式建造企业间的 Stackelberg 博弈需要遵守如下约束条件：

$$\text{s. t. } C_{i0} \leqslant C_{top}$$

$$\frac{C_{i2}}{C_{i0}} \geqslant D$$

$$\sum_{i=1}^{n} F_i \leqslant H \tag{4-15}$$

$$t \leqslant T$$

$$0 < P < P_r$$

$$\beta_0 \leqslant \beta < 1$$

其中，C_{top} 表示在资源有限的情况下，装配式建造企业能够用于装配式建造的最大资金投入均值（不包含地价）；D 表示对于享受补贴政策的装配式建造企业，政府部门规定其为装配式建造投入的管理成本与装配式建筑总建造成本比例的最小值；H 表示政府部门对于装配式建造企业在装配率指标不合格导致失信时的容忍上限；T 表示政府部门在财政资源有限的情况下，能够投入装配式建造管理的最大监管力度；P_r 表示政府部门为维持区域建筑市场的稳定，对装配式建筑产品的市场限价；β_0 表示为推动装配式建筑发展，政府部门对所在省域装配率指标的底限要求。

将假设中的所有函数表达式代入，基于 Stackelberg 博弈的建筑企业扩散决策优化模型如下：

$$\max U_G = \sum_{i=1}^{n} \left[a - b \left(\sum_{k \neq i} S_k + S_i \right) \right] S_i +$$

$$\sum_{i=1}^{n} \begin{bmatrix} \lambda(\overline{C} + r_i)S_i \\ + \mu(1+\beta)(\overline{C} + r_i)S_i - (1+\beta)(\overline{C} + r_i)S_i \end{bmatrix} +$$

$$(P_0 Q + \omega) \sum_{i=1}^{n} S_i - (\lambda + \mu - \lambda\mu)\theta \sum_{i=1}^{n} S_i \tag{4-16}$$

$$\max U_E = \left[a - b \left(\sum_{k \neq i} S_k + S_i \right) \right] S_i + \lambda(\overline{C} + r_i)S_i + \mu(1+\beta)(\overline{C} + r_i)S_i -$$

$$(1+\beta)(\overline{C} + r_i)S_i - \frac{m}{m + r_i S_i}\overline{F} \tag{4-17}$$

102

$$\text{s. t. } (\overline{C} + r_i)S_i \leqslant C_{top}$$

$$\frac{r_i}{\overline{C}} \geqslant D$$

$$\sum_{i=1}^{n} \frac{m}{m + r_i S_i} \overline{F} \leqslant H$$

$$\lambda + \mu - \lambda\mu \leqslant T$$

$$0 < a - b\sum_{i=1}^{n} S_i < P_r$$

$$\beta_0 \leqslant \beta < 1 \tag{4-18}$$

4.4.1.3　子博弈完美纳什均衡求解

动态博弈分析的目标是求解博弈双方的子博弈完美纳什均衡，即装配式建造企业对装配式建造单位面积管理成本 r_i 和装配式建造面积 S_i，以及政府部门对装配式建造企业关于装配式建造的直接补贴系数 λ、间接补贴系数 μ 与装配率指标要求 β 的子博弈完美纳什均衡解。在"政府部门先决策，n 个装配式建造企业后采取行动"的 Stackelberg 博弈中，子博弈完美纳什均衡定义为：给定各个装配式建造企业的支付函数，政府部门决策最优；给定政府部门和除第 i 个装配式建造企业外所有装配式建造企业的决策选择，第 i 个装配式建造企业的扩散决策最优。

采用逆向归纳法求解装配式建造企业的子博弈完美纳什均衡。

（1）装配式建造企业的子博弈完美纳什均衡

对于装配式建造企业 i，与政府部门动态博弈的目标是使式（4-17）最大化。每个装配式建造企业的支付函数实现一阶最优条件，是求解目标函数纳什均衡解的前提，因此，对式（4-17）求解关于 S_i 和 r_i 的极值点，即为装配式建造企业 i 的最优决策。

命题 1　装配式建造企业 i 的装配式建造面积 S_i 是政府直接补贴系数 λ、间接补贴系数 μ 以及装配率指标要求 β 的增函数。同时，也是全部装配式建造企业单位装配式建造面积成本均值 $\overline{C}$ 的增函数。而装配式建造企业 i 对于装配式建造的单位面积管理成本 r_i，是全部装配式建造企业装配式建造指标不合格受到失信损失均值 $\overline{F}$ 的增函数，是装配率指标要求 β 的减函数，同时也是全部装配式建造企业单位装配式建造面积成本均值 $\overline{C}$ 的减函数。

证明：

根据最优化的一阶条件，分别对式（4-17）中的 S_i 和 r_i 求一阶偏导，并令 $\partial U_E / \partial S_i = 0$，$\partial U_E / \partial r_i = 0$，得到

$$a-b\sum_{k\neq i}S_k-2bS_i+\lambda(\overline{C}+r_i)+(\mu-1)(1+\beta)(\overline{C}+r_i)+\frac{r_ie\overline{F}}{(e+r_iS_i)^2}=0$$

$$(4\text{-}19)$$

$$r_iS_i+\mu(1+\beta)S_i+\frac{S_ie\overline{F}}{(e+r_iS_i)^2}=0 \qquad (4\text{-}20)$$

联立式（4-19）和式（4-20），得到

$$a-b\sum_{k\neq i}S_k-2bS_i+\lambda\overline{C}+(\mu-1)(1+\beta)\overline{C}=0，则$$

$$S_i=\frac{a-b\sum_{k\neq i}S_k+\lambda\overline{C}+(\mu-1)(1+\beta)\overline{C}}{2b} \qquad (4\text{-}21)$$

将式（4-21）代入式（4-19），得到

$$r_i=\frac{2b\left[\sqrt{\dfrac{m\overline{F}}{(1-\mu)(1+\beta)-\lambda}}-m\right]}{a-b\sum_{k\neq i}S_k+\lambda\overline{C}+(\mu-1)(1+\beta)\overline{C}} \qquad (4\text{-}22)$$

对于二元函数 $f(x，y)$，存在点 $(x_0，y_0)$ 使得 $f_x(x_0,y_0)=0$，$f_y(x_0,y_0)=0$。令 $f_{xx}(x_0,y_0)=A_1$，$f_{xy}(x_0,y_0)=A_2$，$f_{yy}(x_0,y_0)=A_3$，当 $A_1A_3-A_2^2>0$，且 $A_1<0$ 时，$(x_0，y_0)$ 为函数取得极大值的点。基于此，分别对式（4-17）的 S_i 和 r_i 求二阶偏导，满足二元函数极大值点的充分条件，即式（4-21）和式（4-22）为式（4-17）的极大值点 S_i^* 和 r_i^*。

至此，命题 1 证明完毕。

命题 1 的博弈均衡结果表明：

政府部门对装配式建造的直接补贴与间接补贴力度越大，装配式建造企业越倾向于采纳和实施装配式建造技术，从而增加装配式建造面积。同时，政府部门对于装配率指标的要求，也会"迫使"装配式建造企业为获取项目机会而增加装配式建造的开发面积，但政府部门的各项补贴政策会增加监管成本和财政负担。此外，政府部门要求的装配率指标越高，装配式建造企业在有限资源下能够投入的装配式建造单位面积管理成本越低，同时可能造成越高的违约失信损失。因此，并非是越大的补贴力度和越高的装配率指标要求越有利于装配式建造技术的扩散，还要进一步分析政府部门监管决策的博弈均衡，求解双方同时达到效益最大化的最优政策配置。

此外，通过式（4-21）与式（4-22）可知，装配式建造企业 i 的装配式建

造面积与区域内其他装配式建造企业的装配式建造面积总和有关，装配式建
造企业 i 的单位面积装配式建造管理成本也与其他装配式建造企业的装配式
建造面积总和有关。因此，装配式建造企业 i 的两个决策变量最优值求解过
程与省域内其他企业互相影响制约，需要借助算法近似求解，将在 4.4.2 节
详细介绍。

命题 2 基于各个装配式建造企业 i 的装配式建造面积最优值 S_i^*，该省域所
有装配式建造企业的装配式建造总面积 S^*，是政府直接补贴系数 λ、间接补贴系
数 μ 以及装配率指标要求 β 的增函数，同时也是省域内装配式建筑产品市场总需
求 A 及同类型装配式建造企业数量 n 的增函数。装配式建造企业对于装配式建筑
产品的定价 P^*（即所在省域装配式建筑产品的市场均价），是省域内装配式建筑
市场总需求 A 的增函数，是政府直接补贴系数 λ、间接补贴系数 μ 以及装配率指
标要求 β 的减函数。

证明：

根据式（4-21）可知：

$$S_1 = \frac{a - b\left(\sum\limits_{k \neq 1}^{n} S_k - S_1\right) + \lambda\overline{C} + (\mu - 1)(1 + \beta)\overline{C}}{2b}$$

$$S_2 = \frac{a - b\left(\sum\limits_{k \neq 2}^{n} S_k - S_2\right) + \lambda\overline{C} + (\mu - 1)(1 + \beta)\overline{C}}{2b}$$

$$\vdots \qquad\qquad \vdots$$

$$S_n = \frac{a - b\left(\sum\limits_{k \neq n}^{n} S_k - S_n\right) + \lambda\overline{C} + (\mu - 1)(1 + \beta)\overline{C}}{2b} \tag{4-23}$$

进一步求得

$$S = \sum_{i=1}^{n} S_i = \frac{n\left[a + \lambda\overline{C} + (\mu - 1)(1 + \beta)\overline{C}\right]}{b(n+1)} \tag{4-24}$$

通过式（4-24）及模型假设 1，得到省域内装配式建造企业对于装配式建筑
产品的定价为 P^*，满足

$$P^* = \frac{a - n\left[\lambda\overline{C} + (\mu - 1)(1 + \beta)\overline{C}\right]}{n+1} \tag{4-25}$$

至此，命题 2 证明完毕。

命题 2 结果表明：

政府部门对装配式建筑的直接补贴与间接补贴力度越大，装配式建造企业越倾向于采纳和实施装配式建造技术，从而增加所在省域的装配式建造总面积；装配率指标要求越高，装配式建造企业为完成强制性要求，需要增加承建项目的装配率，也会使得省域内的装配式建造总面积增加。但政府部门对于省域内装配式建造的补贴力度越大，装配式建筑产品的市场均价越低，这是因为政府补贴会减少装配式建造企业的建造总成本，能够保证预期利润的情况下，装配式建造企业愿意以较低价格获取出售面积和总收益的增加；装配率指标要求越高，装配式建造企业的建造成本会增加，但同时也会大幅度缩短工期，减少资金占用和降低生命周期成本，并能得到政府部门更多的补贴以及环境与社会效益的增加，从而使得装配式建筑产品的出售价格较低。根据需求规律，所在省域内装配式建筑产品的市场总需求越高，装配式建筑产品的市场均价越高。

　　（2）政府部门的子博弈完美纳什均衡

　　采用逆向归纳法，分析政府部门的子博弈完美纳什均衡解。将装配式建造企业的反应函数式（4-21）、式（4-22）代入政府部门的支付函数，得到式（4-26），在约束函数式（4-27）的共同作用下，优化政府部门的支付函数。

$$
\begin{aligned}
\max U_G &= \sum_{i=1}^{n} \left[a - b\left(\sum_{k \neq i} S_k + S_i \right) \right] S_i + \left[\lambda + (\mu - 1)(1 + \beta) \right] \sum_{i=1}^{n} (\overline{C} + r_i) S_i + \\
&\quad (P_0 Q + \omega) \sum_{i=1}^{n} S_i - (\lambda + \mu - \lambda\mu)\theta \sum_{i=1}^{n} S_i \\
&= \sum_{i=1}^{n} \frac{\left[a - b\sum_{k \neq i} S_k - \lambda\overline{C} - (\mu-1)(1+\beta)\overline{C} \right]\left[a - b\sum_{k \neq i} S_k + \lambda\overline{C} + (\mu-1)(1+\beta)\overline{C} \right]}{4b} + \\
&\quad \sum_{i=1}^{n} \frac{\overline{C}\left[\lambda + (\mu-1)(1+\beta) \right]\left[a - b\sum_{k \neq i} S_k + \lambda\overline{C} + (\mu-1)(1+\beta)\overline{C} \right]}{2b} + \\
&\quad \frac{2b\left[\lambda + (\mu-1)(1+\beta) \right]\left[\sqrt{\dfrac{m\overline{F}}{(1-\mu)(1+\beta)-\lambda}} - m \right]}{2b} + \\
&\quad (P_0 Q + \omega) \sum_{i=1}^{n} \frac{\left[a - b\sum_{k \neq i} S_k + \lambda\overline{C} + (\mu-1)(1+\beta)\overline{C} \right]}{2b} + \\
&\quad (\lambda + \mu - \lambda\mu)\theta \sum_{i=1}^{n} \frac{\left[a - b\sum_{k \neq i} S_k + \lambda\overline{C} + (\mu-1)(1+\beta)\overline{C} \right]}{2b}
\end{aligned}
\tag{4-26}
$$

$$\text{s.t.} \quad \frac{\overline{C}\left[a - b\sum_{k \neq i} S_k + \lambda\overline{C} + (\mu - 1)(1 + \beta)\overline{C}\right] + 2b\left[\sqrt{\dfrac{m\overline{F}}{(1 - \mu)(1 + \beta) - \lambda}} - m\right]}{2b} \leqslant C_{top}$$

$$\frac{2b\left[\sqrt{\dfrac{e\overline{F}}{(1 - \mu)(1 + \beta) - \lambda}} - e\right]}{\overline{C}\left[a - b\sum_{k \neq i} S_k + \lambda\overline{C} + (\mu - 1)(1 + \beta)\overline{C}\right]} \geqslant D$$

$$n\sqrt{m\overline{F}\left[(1 - \mu)(1 + \beta) - \lambda\right]} \leqslant H$$

$$\lambda + \mu - \lambda\mu \leqslant T$$

$$0 < a - b\sum_{i=1}^{n}\left[\frac{a - b\sum_{k \neq i} S_k + \lambda\overline{C} + (\mu - 1)(1 + \beta)\overline{C}}{2b}\right] < P_r$$

$$\beta_0 \leqslant \beta < 1 \tag{4-27}$$

命题 3　政府部门对装配式建造企业的直接补贴系数 λ、间接补贴系数 μ 及装配率指标要求 β 具有相同的变动趋势，即直接补贴系数 λ 越大，间接补贴系数 μ 与装配率指标要求 β 越大，反之亦然。两种补贴系数（λ 和 μ）及装配率指标要求（β）均是其能够投入装配式建造的最大监管力度 T 的增函数，也是其对装配式建造企业装配率指标不合格导致失信的容忍上限 H 的增函数，是全部装配式建造企业失信损失均值 $\overline{F}$ 的减函数。

针对有约束条件的式（4-26）与式（4-27），构造拉格朗日（Lagrange）函数。根据最优化的一阶条件，对构造的拉格朗日函数中的 λ、μ 和 β 分别求一阶偏导数，并令其偏导数为零，得到政府部门 3 个决策变量 λ、μ 和 β 间的关系为式（4-28）及式（4-29），进一步得到政府部门 3 个决策变量的最优解，分别为式（4-21）、式（4-31）及式（4-32）。满足 $B^2 - 4AC \geqslant 0$ 时方程有实数解，$\mu = (-B \pm \sqrt{B^2 - 4AC})/2A$，同时需满足 $\mu \geqslant 0$，再进一步根据式（4-28）和式（4-29），求解相应的 λ 和 β。

$$\lambda = 1 - \frac{T - \mu}{\mu} \tag{4-28}$$

$$\beta = \frac{H^2\mu + n^2(2\mu - T)m\overline{F}}{n^2 m\overline{F}\mu(1 - \mu)} \tag{4-29}$$

$$A = m\overline{F}\,\overline{C}H^2 + m\overline{F}(1 + D)\left[(a - b\sum_{k \neq i} S_k)m\overline{F} - 2\overline{C}H^2\right] +$$

$$m^2 \overline{F}^2 (P_0 Q + \omega)\overline{C} + 5m\overline{F}\,\overline{C} - m\overline{F}\left(a - b\sum_{k \neq i} S_k\right) + H^2 + 2m\overline{F} \qquad (4\text{-}30)$$

$$B = 4m\overline{F}\,\overline{C} + 2m\overline{F}\,\overline{C}\,T + m\overline{F}\left(a - b\sum_{k \neq i} S_k\right) - m\overline{F}\,T - 2m\overline{F} \qquad (4\text{-}31)$$

$$C = -2m\overline{F}\,\overline{C}\,T - H^2 + m\overline{F}\,T \qquad (4\text{-}32)$$

至此,命题3得到证明。

命题3政府部门的博弈均衡结果表明:

政府部门对于装配式建造企业的支持采用直接补贴和间接补贴两种形式,为满足相同的政策目标,两种补贴形式的变动趋势必然一致。此外,政府部门对采纳和实施装配式建造技术的装配式建造企业提供多种补贴扶持,是为了实现装配式建造目标,因此会强制接受补贴的装配式建造企业满足装配率指标要求。一方面,补贴力度越大,表明政府部门对于装配式建造的预期目标越高,设定的装配率指标要求越高。另一方面,政府部门对于装配式建造执行过程的监督(包括补贴支持与装配率指标要求)需要投入人力物力,支付监管成本,增加了财政负担。政府部门能够投入装配式建造的监管力度上限越高,越有能力提供直接补贴与间接补贴,并监管装配率指标完成。同时,政府部门对装配式建造企业装配率指标不合格导致失信的容忍上限越大,表明政府部门财政资源越充分,能够用于直接补贴与间接补贴的力度越大。但如果大部分装配式建造企业无法完成装配率指标要求,造成较高的失信损失,政府则会考虑装配率指标要求设定的合理性,适当降低装配率指标要求,同时也会减少直接补贴与间接补贴的力度。

4.4.2 扩散主体决策优化分析

4.4.2.1 基于双层规划的决策优化方法

通过政府部门与装配式建造企业的子博弈完美均衡分析发现,政府部门的监管政策受到诸多参数的影响,导致决策变量 λ、μ 和 β 的求解非常复杂。由式(4-21)与式(4-22)可知,每个装配式建造企业的装配式建造面积以及单位面积管理成本的最优值都与其他企业的取值有关,不能直接求出解析解。Stackelberg 博弈问题具有明显的主从递阶关系,而双层规划是由两个相互关联的子模型(U)和(L)组成的多目标优化模型,满足上层规划决策变量对下层规划产生影响,同时下层规划具有独立决策变量的假设,恰好能够解释 Stackelberg 主从博弈关系[179,180]。因此,可以采用双层规划迭代寻优的思想,借助智能启发式算法探索 Stackelberg 模型的近似最优解。

构建政府部门与装配式建造企业主从递阶的双层规划模型,即:

上层规划（U）：

$$\max U_G(\lambda,\mu,\beta) = \sum_{i=1}^{n}\left[a - b\left(\sum_{k\neq i}S_k + S_i\right)\right]S_i +$$

$$\sum_{i=1}^{n}\left[\lambda(\overline{C}+r_i)S_i + \mu(1+\beta)(\overline{C}+r_i)S_i - (1+\beta)(\overline{C}+r_i)S_i\right] +$$

$$(P_0Q+\omega)\sum_{i=1}^{n}S_i - (\lambda+\mu-\lambda\mu)\theta\sum_{i=1}^{n}S_i$$

$$(4-33)$$

$$\text{s. t.}\begin{cases} G(\lambda,\mu,\beta):\lambda+\mu-\lambda\mu \leqslant T \\ \beta_0 \leqslant \beta < 1 \end{cases} \quad (4-34)$$

下层规划（L）：

$$\max U_E(S_i,r_i) = \left[a - b\left(\sum_{k\neq i}S_k + S_i\right)\right]S_i + \lambda(\overline{C}+r_i)S_i + \mu(1+\beta)(\overline{C}+r_i)S_i -$$

$$(1+\beta)(\overline{C}+r_i)S_i - \frac{m}{m+r_is_i}\overline{F} \quad (4-35)$$

$$\text{s. t. } E(S_i,r_i):(\overline{C}+r_i)S_i \leqslant C_{top}$$

$$\frac{r_i}{\overline{C}} \geqslant D$$

$$\sum_{i=1}^{n}\frac{m}{m+r_iS_i}\overline{F} \leqslant H$$

$$0 < a - b\sum_{i=1}^{n}S_i < P_r \quad (4-36)$$

式中 U_G（λ，μ，β）——上层规划的目标函数；

λ、μ、β——上层规划的决策变量；

G（λ，μ，β）——对本层决策变量的约束；

U_E（S_i，r_i）——下层规划的目标函数；

S_i、r_i——下层规划的决策变量；

E（S_i，r_i）——对本层决策变量的约束。

政府部门（上层决策者）通过设置 λ、μ 和 β 的值影响装配式建造企业（下层决策者），限制装配式建造企业决策变量的可行约束集，同时，装配式建造企业的 S_i 和 r_i 的选择也会影响政府部门的决策。装配式建造企业的决策变量 S_i 和 r_i 是政府部门决策变量 λ、μ 和 β 的函数，即反应函数，用式（4-21）和式（4-22）表示。

双层规划问题的传统求解方法是罚函数法、分支定界法和极值法等，但这些方法大多依赖解空间的特征，对于非线性复杂双层规划问题的分析效果不佳。智能启发式算法对目标函数处理能力较强，且具有良好的全局搜索能力，适合高维复杂问题，在双层规划领域中得到越来越多的应用，包括遗传算法、粒子群算法以及模拟退火算法等。模拟退火算法（Simulated Annealing，SA）是基于 Monte-Carlo 迭代求解策略的一种随机寻优算法，能够用于组合寻优问题[181]。遗传算法是一种通过模拟自然进化过程搜索最优解的方法[182]，由于遗传学存在交叉和变异操作，对种群大小敏感，求解本书的高维非线性规划容易出现无法收敛的问题。相对遗传算法、粒子群算法[183]对初始种群大小不敏感，结果较为稳定，并且编码原理简单，收敛调试的复杂度较低。为防止粒子群算法陷入局部最优，已有研究[179]提出层次粒子群算法，并验证其有效性与可靠性。因此，本节采用层次粒子群算法[179]求解双层规划模型，即 4.4.1.3 节 Stackelberg 模型的近似子博弈完美纳什均衡解，并通过模拟退火算法分析结果进行对比，确保层次粒子群算法优化结果的优良性与可靠性。

4.4.2.2 扩散主体决策优化的算例模拟

假设某省装配式建筑产品的市场总需求为 $600000m^2$，装配式建筑的需求弹性为 10，为稳定该省建筑市场，政府部门对装配式建筑产品的限价为 20000 元$/m^2$。装配式建造企业由于选择装配式建造方式而实现的平均碳减排量为 $100kg/m^2$，碳减排可以进行碳交易，碳价为 20 元/kg。省域内共有 5 家装配式建造企业，这些装配式建造企业的装配式建造平均成本为 3200 元$/m^2$，装配式建造企业能够用于装配式建造最大资金投入的平均水平为 6 亿元，装配率指标不合格导致装配式建造企业的平均失信损失为 1500 万元。政府部门为推动省域范围内的装配式建筑发展，投入的总监管成本为 300 元$/m^2$，在有限的人力、物力条件下，能够投入装配式建筑相关事宜的最大监管力度为 60%。政府部门在扶持鼓励装配式建造企业选择装配式建造技术的同时，也会对装配式建筑的实施情况进行监督，包括：装配式建造企业投入装配式建造的管理成本至少需要达到总建造成本 3% 的要求，项目装配率至少保证 20%，全部装配式建造企业装配率不达标的失信损失不能超过 5000 万元。最后，装配式建造企业选择装配式建造技术能够节省资源和能源的消耗，并减少建筑垃圾排放，带来的综合社会效益为 300 元$/m^2$。

假设常数 $m=10000$，用于计算装配式建造企业装配率不达标的概率。政府部门的决策变量初始值分别为：直接补贴系数 $\lambda_0=0.2$，间接补贴系数 $\mu_0=0.3$，装配率指标要求 $\beta_0=0.35$。装配式建造企业的决策变量初始值分别为：单位面积装配式建造的管理成本 $r_0=300$，装配式建造面积 $S_0=100000$。

通过 Visual Studio Code 软件，编码层次粒子群算法程序，经过多次调试后，确定收敛效果最佳的粒子群算法参数为：惯性权重 $w=0.8$，上层规划学习因子 $c_{g1}=10$，$c_{g2}=5$，下层规划学习因子 $c_{e1}=10$，$c_{e2}=5$。基于此，执行算例数据的求解，分别得到政府部门与 5 家企业的最优目标函数值以及最优决策变量值。

由于已有研究已经验证层次粒子群算法相对传统粒子群算法的优越性[179]，本书接下来通过传统模拟退火算法运行模拟算例数据，与层次粒子群算法的运行结果对比，检验本书算法的可靠性，结果如表 4-6 所示。

上层规划计算结果及算法对比分析　　　　　　表 4-6

运行算法	目标函数 (U_G)	决策变量		
		λ	μ	β
层次粒子群算法（HPSO）	5.39×10^{10}	0.27	0.45	0.20
模拟退火算法（SAA）	2.12×10^{10}	0.49	0.19	0.33
算法差值（HPSO-SAA）	3.27×10^{10}	-0.22	0.26	-0.13

相对于层次粒子群算法，传统模拟退火算法得到的直接补贴和间接补贴力度最优解略小，而装配率水平最优值更高，对装配式建造企业扩散决策的优化效果较好，但政府部门的综合收益却大幅降低，相比层次粒子群算法优化结果降幅高达 60%。这表明传统模拟退火算法在随机搜索过程中可能陷入局部最优，导致多主体优化性能较差，而层次粒子群算法的目标函数优化效果较好。

下层规划计算结果及算法对比分析如表 4-7 所示。

下层规划计算结果及算法对比分析　　　　　　表 4-7

运行算法	目标函数 (U_E)	决策变量	
		r	S
层次粒子群算法（HPSO）	9.26×10^9	295	100008
	8.72×10^9	188	100029
	9.99×10^9	349	100381
	8.63×10^9	314	100000
	1.37×10^9	500	100039
平均值	7.59×10^9	329	100091
模拟退火算法（SAA）	4.34×10^9	364	155480
	3.83×10^9	407	137260
	4.34×10^9	314	155200
	4.40×10^9	250	157430
	4.18×10^9	183	149050
平均值	4.22×10^9	304	150884
算法差值（HPSO-SAA）	3.38×10^9	26	-50763

可以看到，两种启发式算法得到的单位面积装配式建造管理成本 r 均值差距很小，但装配式建造面积 S 均值差距较大，层次粒子群算法相比传统模拟退火算法结果降低 $50763\mathrm{m}^2$，然而，目标函数值却提高 4.22×10^9，这意味着层次粒子群算法是在企业装配式建造管理成本不高而装配式建造面积较小的情况下实现更大的经济效益，显然优化效果要优于传统模拟退火算法。基于上述分析，层次粒子群算法[179]具有良好的可靠性，能够用来求解 4.4.2.1 节构建的双层规划模型，解决政府部门与装配式建造企业间的 Stackelberg 博弈问题。

然而，从表 4-7 算法运行结果发现，下层规划中的 5 个目标函数值差距较大，尤其是第 5 个装配式建造企业的收益值显著低于其他 4 个企业，而其投入的单位面积装配式建造管理成本却最高。这是因为，层次粒子群算法在优化过程中，模拟求解每个装配式建造企业的最优技术扩散决策，而忽略了所在省域内其他企业的扩散决策和收益，出现第三个企业的扩散决策最优而第五个企业最差的情境。也就是说，表 4-7 得到的是装配式建造企业技术扩散决策的理论最优值，由 4.2.3 节及 4.4.1 节分析可知，该最优决策不符合现实情境。

装配式建造企业的技术扩散决策必然受到省域内其他企业的影响，需要考虑决策优化过程中企业之间相互制约的满意解，实现行业整体收益最大化而非个别企业收益最大化的目标，即当前资源约束条件下装配式建造企业的适宜扩散决策是具有现实意义的"最优"决策。

进一步改进层次粒子群算法，引入装配式建造企业在做出自身扩散决策时对其他企业决策考虑程度的调节参数 k，满足 $k\in[0,1]$。该参数反映了政府部门从全局出发平衡省域内装配式建造企业间利益分配的调节程度。

当 $k=0$，表示装配式建造企业完全不考虑其他企业的扩散决策，仅关注自身收益是否最大，此时，政府部门对于装配式建造企业间的利益分配不施加任何干预，即表 4-6 及表 4-7 求解的装配式建造企业目标收益与扩散决策的理论最优值。当 $k=1$，表示装配式建造企业充分考虑其他企业的扩散决策，在追求自身收益最大化的过程中受到其他企业制约，即政府部门为了平衡省域内装配式建造企业整体发展，防止个别企业垄断，实现社会整体收益的最大化，对企业间利益分配予以调控。

将 $k=0$、0.2、0.8、1 四种情况对应的计算结果对比分析，上层规划与下层规划的优化解如表 4-8 和表 4-9 所示。

由表 4-8 可知，在调节参数取不同数值时，上层规划决策变量优化解的变化不大，但目标函数值发生明显变化，k 取值较大，目标函数值更大。装配式建造企业充分考虑其他企业决策情况而优化自身扩散决策，社会总体收益更大。

不同调节参数的上层规划计算结果及对比分析 　　　表 4-8

调节参数 k	目标函数	决策变量		
	(U_G)	λ	μ	β
$k=0$	5.39×10^{10}	0.27	0.45	0.2
$k=0.2$	5.38×10^{10}	0.28	0.44	0.2
$k=0.8$	5.42×10^{10}	0.28	0.44	0.2
$k=1$	5.42×10^{10}	0.28	0.44	0.2

不同调节参数的下层规划结算结果及对比分析 　　　表 4-9

调节参数 k	目标函数	决策变量	
	(U_E)	r	S
$k=0$	9.26×10^9	295	100008
	8.72×10^9	188	100029
	9.99×10^9	349	100381
	8.63×10^9	314	100000
	1.37×10^9	500	100039
平均值	7.59×10^9	329	100091
$k=0.2$	1.03×10^9	303	100021
	2.19×10^9	500	99910
	2.46×10^9	500	100138
	2.44×10^9	354	99915
	1.03×10^9	309	99996
平均值	1.83×10^9	393	99996
$k=0.8$	2.45×10^9	330	100007
	5.15×10^9	500	98626
	5.76×10^9	500	100050
	5.76×10^9	307	99754
	2.45×10^9	320	99940
平均值	4.31×10^9	391	99675
$k=1$	2.92×10^9	330	100007
	6.13×10^9	500	98626
	6.85×10^9	500	100050
	6.85×10^9	307	99754
	2.92×10^9	320	99940
平均值	5.13×10^9	391	99675

　　由表 4-9 可以看到，$k=0$ 时，装配式建造企业的扩散决策是最优的，能够实现其收益最大化，然而此种情境既不满足上层规划的社会整体收益最大，也不符

合现实。$k=0.2$ 和 $k=0.8$ 时，装配式建造企业不同程度地考虑其他企业的决策情况，上层规划和下层规划的目标函数值都是最低的，对应扩散决策的效果最差。$k=1$ 时，装配式建造企业充分考虑其他企业的扩散决策影响，政府充分平衡装配式建造企业间的资源分配，能实现较高的企业经济收益以及最高的社会整体收益。

上述分析表明，装配式建造企业在只考虑一部分或者考虑大部分其他企业扩散决策时的收益最低，对社会整体效益的贡献也不大，这种情况做出的扩散决策最不可取。装配式建造企业要么完全不考虑其他企业决策，只追求自身利益最大化，即政府部门完全放任不管，企业能够实现自身扩散决策最优，但是政府获得的整体社会效益不佳，且不符合现实情境。装配式建造企业要么充分考虑其他企业技术扩散决策情况，选择省域内所有装配式建造企业相对满意的扩散决策，即政府部门对企业间资源与利益分配予以调节，达到企业收益较高而整体社会收益最大的状态，此时装配式建造企业的扩散决策是现实约束情境下最适宜的选择，政府部门的监管政策也是当前最合理的配置。

4.5 装配式建造技术扩散主体决策的案例分析

4.5.1 案例城市选择

吉林省位于我国东北部，根据《民用建筑热工设计规范》GB 50176—2016 的规定，被划分为严寒地区。吉林省每年至少 3 个月平均气温低于 −14℃，冬期不利于传统建造方式对混凝土构件的养护，可建设周期短，且冬期施工成本高，工程质量也难以保证。装配式建造方式可以有效缩短工期，加快施工进度，同时不受天气和外界环境影响，施工质量稳定，故有必要推进吉林省装配式建筑的发展。在住房和城乡建设部科技与产业化发展中心编制的《中国装配式建筑发展报告（2017）》中，将吉林省确定为积极推进地区，反映了国家层面认可吉林省发展装配式建筑的重要性。然而，根据"十三五"国家重点研发计划课题"工业化建筑发展水平评价技术、标准和系统"的研究成果，当前阶段我国装配式建筑整体发展水平较低，31 个省区市（不包括港澳台）发展水平的平均值约为 3.1（满分 10）。吉林省的装配式建筑发展水平评价得分为 1.7，低于全国平均值，发展相对落后。此外，省内装配式建筑产业基地数量少，且尚未形成国家住宅产业化基地，有必要分析其装配式建造技术扩散过程与特征，探索技术扩散绩效提升途径，推动装配式建筑的发展。

装配式建筑监管政策及装配式建造企业情况在省域内不同城市存在差异，长春市作为吉林省省会，对吉林省装配式建筑发展的影响最为显著，对省域装配式建筑发展水平最具代表性。因此，本书确定长春市为案例城市，验证装配式建造技术扩散主体决策机制的理论研究结果，并提供可行的绩效提升措施建议。

4.5.2　长春市装配式建造技术推广现状

4.5.2.1　装配式建筑相关政策分析

　　2017年7月，吉林省人民政府办公厅发布《关于大力发展装配式建筑的实施意见》，以长春市、吉林市为主导，推进全省装配式建筑发展。基于此，长春市在2017年8月出台《关于加快推进装配式建筑发展的实施办法》，填补了长春市装配式建筑领域政策方面的空白。

　　此后，长春市建设管理部门相继发布装配式建筑若干政策，截至2019年6月30日，装配式建筑政策监管覆盖整体规划布局、土地出让、商品房预售、奖补资金以及面积奖励、装配式建筑产业基地管理等多个阶段和多维度内容。结合4.1.2节监管政策分析，将长春市装配式建筑监管政策中的具体措施分别归类到直接补贴、间接补贴和强制性指标要求，具体对应关系如表4-10所示。

长春市装配式建筑政策监管的具体措施及内容　　　　　　　　　　　表 4-10

政策分类	政策措施	具体内容	政策效果
直接补贴	资金支持	装配式建筑产业发展资金；工业科技与战略新兴产业发展专项资金	企业收益直接增加
间接补贴	税费优惠	高新技术企业享受15%企业所得税优惠；销售自产新型墙体材料企业增值税即征即退；装配式建筑新产品、新技术、新工艺的研发费用，在计算企业所得税时予以扣除	企业换算后投入减少或换算后收益增加
	面积奖励	自主采用装配式建造的住宅项目，给予不超过实施装配式建造的各单体规划建筑面积之和的3%面积奖励	
	土地保障	土地出让金先缴纳50%，其余1~2年内分期交纳	
	金融辅助	贷款贴息、绿色通道、信贷支持、差异化住房信贷政策	
	提前预售	满足长城乡联字〔2018〕3号政策要求，可提前办理《商品房预售许可证》	
	优先审批	装配式建筑项目立项、规划许可、施工许可等环节优先审批	
	投标倾斜	装配式建筑项目可按照技术复杂类工程项目实行工程总承包招标，实施投标倾斜	
	运输支持	预制构件部品的运输审批优先，支持运输交通畅通	

政策分类	政策措施	具体内容	政策效果
强制性指标要求	装配率	单体建筑装配率达到30%以上（含30%）	保障装配式建造指标达成，企业投入增加
	面积比例	新建装配式建筑占新建建筑面积的比例达到10%以上	

直接补贴政策中，资金支持对满足条件的装配式建造企业都可以实施，但额度较高会造成严重的政府财政负担，额度较小则对装配式建造企业的激励程度不够。直接补贴能够通过直接损益数据计算得到。

间接补贴政策中，税费优惠主要面向预制构件生产企业，面积奖励、土地保障、提前预售和优先审批主要面向开发企业，投标倾斜、运输支持则主要针对施工企业和预制构件生产企业，金融辅助对满足条件的装配式建造企业都适用。间接补贴不同于直接补贴，其带给装配式建造企业的收益增加或投入减少，需要通过经验换算得到预估值。

强制性指标要求表现为装配式建造的各项指标要求，包括装配率、预制率和装配式建造面积比例。长春市装配式建筑监管政策中没有关于预制率的具体要求，装配率结合项目具体情况而要求不同，表4-10中列出的30%为装配率要求的平均值，近似视为装配率底限要求。装配率指标要求造成装配式建造企业的成本增加，需要结合经验数据折算为增量成本转化系数。

4.5.2.2 存在主要问题

尽管长春市人民政府与建设管理部门注重装配式建造技术的宣传和推广，通过一些监管政策扶持装配式建造企业的发展，积极推广产业发展战略，尝试开展试点工程，但由于技术创新研发、技术体系构建及其管理能力不足，基地建设与政策支持等方面投入力度不够，装配式建造技术扩散的总体进程较慢，与北京、上海、广东等装配式建筑发展较早、较完善的省市相比，仍处于尚未成熟的初级阶段。根据《长春市装配式建筑发展规划》和《长春市装配式建筑产业园产业发展规划》，现阶段，长春市装配式建筑推广主要存在以下几方面问题：

（1）装配式建造企业聚集程度低，无法发挥协同效应。长春市内已有一些专业或部分从事装配式建造的企业，并能覆盖开发、设计、预制构件生产、施工安装、装饰装修、建材或设备供应以及智能化科技服务多个维度，但整体数量较少，难以形成良好的市场竞合机制；并且，仅有亚泰和新土木两家企业被评为"国家级装配式建筑产业基地"，尽管也有若干全国布局的大型集团企业带动，整体装配式建造能力仍然不足。此外，预制构件由于其运输费用较高，需要近距离供应，通常具有地域约束，而长春目前仅有的 8 家混凝土预制构件生产企业，只能满足少量装配式建造需求。综上所述，长春市的装配式建造企业总量较少且装配式建造能力不足，企业聚集程度低，装配式建筑产业基地尚未充分发挥带动作用，制约装配式建造技术供应链的协同效应。

（2）装配式建筑通用技术体系未建立，技术扩散难度大。当前阶段，装配式建筑通用技术体系尚未形成，存在很多适用于不同地区或不同项目的专用技术体系。长春市政府部门、供应链上下游企业以及建筑业从业人员对装配式建筑的发展前景认知不足，对新的设计理念、生产工艺、施工工法和管理模式等理解不深入，缺乏装配式建造技术体系的研发和试点示范项目，技术体系仍处于摸索阶段，需要在市场不断成熟的过程中，进一步明确适合长春气候特点和产业能力的技术体系。因此，多数企业对采用装配式建造技术处于观望状态，即使被动选择装配式建造方式，在技术决策与合作者选择方面都持风险规避的谨慎态度，导致装配式建造技术的扩散难度很大。

（3）政策监管机制不完善，装配式建筑推广力度不足。长春市的装配式建筑起步较晚，尽管已经发布若干规划审批、土地保障以及财政金融等方面的优惠政策，但对企业的实质性吸引力不够，开发企业、预制构件生产企业与施工企业推进装配式建筑的积极性不高；并且，很多政策措施的内容不够具体，政策目标无法量化和落实责任，不利于企业执行和政府监管，导致政策推进效果不佳。依据国家层面装配式建筑的整体目标，长春市现有装配式建造企业无法满足未来发展需求，需要政府部门提供足够的市场培育，支持装配式建造企业发展，引导龙头企业整合行业资源，提高市场活跃性，促进装配式建造技术扩散。因此，装配式建造相关政策监管机制有待进一步完善，加大对装配式建筑的推广力度。

为解决上述问题，本书通过案例研究，分析装配式建造企业技术扩散决策过程，提供扩散决策优化建议，并探讨监管政策配置的合理性。

4.5.3 案例数据获取

4.5.3.1 调研对象选择

长春市已发布的装配式建筑相关政策多数面向开发企业和施工企业，预制构件生产企业主要通过资金补贴与税费优惠方式鼓励。此外，预制构件生产企业的产量通常以立方米计算，补贴金额计算与开发企业和施工企业不同，在计税模式上也存在差异。开发企业与施工企业的数据单位通用性与数据分析可比性更强，用于案例研究更合理。因此，本书在进行装配式建造企业技术扩散决策的案例分析时，技术采纳企业确定为开发企业，技术供给企业确定为施工企业。

4.5.3.2 数据获取

目前，长春市装配式建筑相关的公开信息较少，且政府权威机构的统计数据缺乏，同时由于装配式建造损益数据敏感，企业通常会拒绝配合，调研难度很大。本书尝试通过多种数据获取方式互相补充，完成装配式建造技术扩散主体决策的案例分析。具体包括以下四方面：

（1）专家调查法。专家调查法又称"德尔菲法"，是围绕某一主题，征询有关专家或权威认识的意见和看法的调查方法[201]。当数据信息缺乏或数据采集时间过长或付出代价过高时，专家知识和经验是有效并可靠的数据获取方法。在装配式建造企业的技术扩散决策过程中，涉及较多装配式建造企业敏感的收益成本信息，无法通过企业调研直接获取数据；并且，长春市多数装配式建造企业处于探索装配式建筑的起步阶段，覆盖装配式建筑全建设周期的损益数据并不完善。因此，本书通过专家调查法，在装配式建筑行业选取一定数量专家，对长春市装配式建造相关的收益和成本数据进行经验预估，并对所得专家调查数据进行统计处理，实现装配式建造企业的技术扩散决策研究。

按照专家调查法工作程序，先拟定调查提纲，明确调研的具体内容，即装配式建造技术扩散主体决策所需的成本收益信息。然后，选择调查对象，为保证所选专家的代表性，笔者通过前期调研与网络公开信息，确定万科、金地、华润、中海与永祥等开发企业以及中建科技、新星宇、新土木、欣琦、苏通建设与金田建设等施工企业为专家来源企业，这些企业既包括装配式建造能力较强且全国布局的大型集团企业，也有近几年投入装配式建筑领域但发展潜力较高的本地企业，比如新土木为国家装配式建筑产业基地，而新星宇等企业为长春市首批装配式建筑施工企业名录成员。由于成本收益数据信息敏感，为遵守保密约定，对所调查的专家按企业类型进行编号。开发企业表示为 KF，施工企业用 SG 表示，不同企业的专家意见从 1 开始随机编号。进而，通过邮件、微信、电话等通信方式反复征求专家评估数据，对于一些比较难以直接判断的数据项，比如政府直接补贴与间接补贴的预估收益，通过笔者提供政策文件和相关文献数据引导，获取较为合理的评估值区间，对个别偏差较大的估值多轮商讨修正，最后得到整体较为统一的专家意见。

全部专家调查结果中共有 11 名专家反馈信息有效，分别来自 5 家开发企业以及 6 家施工企业，对应编号 KF01～KF05 及 SG01～SG06。梳理所获取的装配式建造损益数据，并按开发企业和施工企业分类，进行描述性统计分析，对开发企业和施工企业共同使用的变量（包括直接补贴系数 a、间接补贴金额 G、装配率与增量建造成本转换系数 b、开发企业装配式建造成本亦即施工企业装配式建造收益 P_n、开发企业传统建造成本亦即施工企业传统建造收益 P_t）汇总显示，结果如表 4-11 所示。其中，直接补贴系数 a、间接补贴金额 G 以及装配率与增量建造成本转换系数 b 三个政策变量数据，是通过长春市政策文件提取，根据专家调查得到的装配式建造成本及相应补贴收益数据换算得到。

由表 4-11 可知，大部分变量离散程度较低，专家意见较为集中。个别预估数值量级较大的变量，呈现较大的标准差及均值的标准误，比如装配式建造最大资金投入 C_{top}。由于其为约束性常数而非决策变量，企业在其限制情境下优化扩散决策，取值范围较大，综合其他约束条件不会造成分析结果偏差，调查数据有效。此外，专家调查得到的装配式建造相对传统建造方式的增量成本为 $350\sim550$ 元/m²，与已有研究基本吻合[10]，调查数据合理。装配式建筑产品与传统建筑产品的收益直接体现在产品售价上，即 R_n 和 R_t。通过国内房地产租售服务平台"安居客"，搜索长春市新房房源，查询到全部楼盘共 597 项，其中房价 $8000\sim10000$ 元/m² 的为 154 项，$10000\sim15000$ 元/m² 的为 222 项，占比最多约为 37%，超过 15000 元/m² 以上的为 41 项，仅极个别项目定价超过 20000 元/m²，基本为高端建筑产品。此结果与专家预估数据吻合，调查数据可靠。表 4-11 显示，对于开发企业而言，两种建造形式的建筑产品售价并无差异，表明消费者不具备为装配式建筑产品支付更高房价的意愿，开发企业只能在不同产品类型间摊销建造成本，这也侧面验证了第 3 章消企交互变量 CR 对装配式建造技术扩散驱动效果不显著的结论。

（2）网络信息采集。根据《关于在土地出让阶段明确装配式建筑建设要求的通知》（长城乡联字［2018］1 号）政策要求，对单体建筑装配率的要求分为两种情况：总建筑面积小于 20 万 m²，则底限装配率为 20%；总建筑面积大于 20 万 m²，则底限装配率为 30%。结合具体项目情况而要求不同，但都至少达到 20%。因此，本书在案例分析中，将所在地区装配率底限要求 β_0 取为 20%。

2018 年，长春市政府对于房地产市场的调控政策不断，包括《关于加强房地产市场调控，稳定商品住房价格的通知》等十余条举措，但并没有对房价具体数值的限定。装配式建筑产品与传统建筑产品售价无差异，本书基于已有政策文件和房地产市场整体定价情况，合理假设政府部门对装配式建筑产品的市场限价 P_r 为 20000 元/m²，此价格不适用于别墅及特别高端的建筑产品。

在扩散主体决策优化的 Stackelberg 模型中，涉及装配式建筑市场的需求信息，可以通过政策文件直接获取，2018 年度长春市装配式建造面积的总目标（近似视为总需求）A 为 40 万 m²。

装配式建造专家调查结果统计分析 表 4-11

对象	变量名称	变量符号	单位	样本量 N	最大值	最小值	平均值	均值的标准误	标准差
开发企业	装配式建筑产品收益	R_n	元/m²	5	13000	10000	11700	538.52	1204.16
	传统建筑产品收益	R_t	元/m²	5	13000	10000	11700	538.52	1204.16
	技术采纳偏好	x	/	5	0.3	0.2	0.24	0.02	0.05
	装配式建造最大资金投入	C_{mp}	万元	5	500000	200000	300000	54772.26	122174.49
	装配指标失信预估损失	F	万元	5	100	50	74	8.124	18.17
施工企业	装配式建造成本	C_n	元/m²	6	1700	1350	1540	54.47	133.417
	传统建造成本	C_t	元/m²	6	1150	1000	1075	25.00	61.24
	技术供给偏好	y	/	6	0.4	0.2	0.28	0.03	0.08
二者共用	政府直接补贴系数	a	/	11	0.04	0.01	0.02	0.003	0.01
	政府间接补贴预估金额	G	元/m²	11	100	25	63.18	7.02	23.27
	装配率与增量建造成本的转化系数	b	/	11	0.17	0.11	0.13	0.01	0.02
	开发企业装配式建造成本或施工企业装配式建造收益	P_n	元/m²	11	2200	1600	1827.27	47.37	157.10
	开发企业传统建造成本或施工企业传统建造收益	P_t	元/m²	11	1700	1200	1504.55	45.95	152.41

注：所有专家调查数据是基于装配率为 30%时的经验估算值。

2010 年，我国正式提出实行碳排放交易制度，吉林省碳交易监管起步较晚，市场很不完善。因此，本书关于碳价的数据信息通过网络公开信息获得，主要来自前瞻产业研究院对碳交易的数据分析报告，也可查询中国碳排放交易网"碳交易"板块。试点省市 2018 年碳交易价格除最低的重庆以及最高的北京外，其他几个交易所的平均碳价在 23 元/t 左右，本书即以此作为变量 P_0 的数值。根据国家发改委初步估算，300 元/t 是能够长期引导绿色低碳的价格标准，当前我国几个试点交易所的碳价远低于此标准，导致政府部门与企业对于装配式建筑的环境效益认知度较低。

装配式建造方式能够降低资源能源的消耗并减少建筑垃圾排放，可持续效益显著。已有研究表明[10,11]，装配式建造相对传统建造方式，导致的主要资源用量变化为：木材用量减少约 0.056m³/m²（节省率为 59.3%），保温材料用量减少约 0.6585m³/m²（节省率为 51.85%），水泥砂浆用量减少约 0.03658m³/m²（节省率为 55.13%），水资源用量减少约 0.021m³/m²（节省率为 24.28%）。根据长春市市区 2018 年建筑材料信息价平均水平以及 2018 年水费计取标准，木模板（1830+915+13）单价为 28 元/m²，挤塑阻燃保温板（XPS，密度 40kg/m³）单价为 850 元/m³，工商业用水单价为 4.10 元/m³。普通硅酸盐水泥单价为 420 元/t，中砂 140 元/m³，按普通硅酸盐水泥密度为 3g/cm³，折算为相应型号的水泥砂浆单价约为 1400 元/m³。能耗方面，电力消耗量降低约 1.8218kWh/m²，根据 2018 年长春市电费计取标准，一般工商业用电分三种供电电压等级，取中间值 0.8702 元/kWh。建筑垃圾排放量减少 16.42kg/m²（节省率为 69.09%），通过专家调查评估，建筑垃圾清运及处理费用约为 100 元/m³。基于上述数据，可以计算装配式建造方式能耗变化及垃圾减排带来的单位面积综合社会效益 ω 约为 630 元/m²。

（3）文献分析法。有研究表明，装配式建筑的生命周期总碳排放量区间为 $105\sim864kgCO_2/m^2$，折算为 $11\sim76kgCO_2/m^2/年$[7]，比传统建造方式在建设阶段实现碳减排约 $24.31kgCO_2/m^2/年$[11]。基于此，本书选取 $25kgCO_2m^2$ 年作为碳减排量 Q 的参考值。

装配式建筑建设时间较长，消费者比较容易找到替代品（传统建筑产品），其价格上涨，消费者会放弃购买装配式建筑产品，而选择传统建筑产品，价格需求弹性较高。但由于建筑品质和质量提高，并在购买装配式建筑产品时可能获得公积金补贴，诸多环境与社会效益也会限制其需求弹性过高。基于以往传统建筑产品的需求弹性分析[202]，本书取装配式建筑产品的价格需求弹性 B 为 10。

（4）综合估算法。政府部门对装配式建造的监管成本、最大监管力度、企业装配式建造管理成本与装配式建造总成本比例，以及对企业装配式建造指标不合格的容忍上限等变量，综合政策解读与专家调查数据进行合理估算。由长春市装配式建筑监管政策分析可知，当前直接补贴主要包括装配式建筑产业专项发展基金及新兴产业发展专项基金两种形式，且只有满足条件的少数企业能够获得，补贴力度较低。《上海市建筑节能和绿色建筑示范项目专项扶持办法》提出，符合装配整体式建筑示范的项目，每平方米补贴 100 元。根据"十三五"国家重点研发计划课题"工业化建筑发展水平评价技术、标准和系统"研究成果，上海市装配式建筑整体发展水平总分 6.1，排名第三，吉林省装配式建筑整体发展水平总分 1.7，排名第二十一，根据两省市装配式建筑整体发展水平对标及长春市装配式建筑直接补贴政策现状，估算长春市直接补贴不超过 30 元/m²，本书即以 30 元/m² 近似作为政府直接补贴监管成本。间接补贴通过 3% 面积奖励、用地支持、土地出让金分期缴纳、提前预售、优先审批支持等方式，此部分数据通过来自 5 家房地产企业的专家估算取平均值得到，约 150 元/m²。政府部门除去直接补贴支出与间接补贴投入外，还存在一些固定资产投入、耗损等行政费用，本书基于获得数据及专家经验，合理估算政府部门监管成本约为 200 元/m²，具有一定可靠性。此外，最大监管力度 T、装配式建造管理成本底限比例 D 以及装配式建造指标不合格容忍上限 H 均为约束性常数，区域内装配式建造企业在此限制情境下优化扩散决策，相对优化结果不会造成分析偏差。因此，本书分别取专家经验预估数 0.4、0.02 及 300 万元作为约束常量 T、D 和 H 的取值。

基于上述四种数据获取方式，得到装配式建造企业技术扩散决策分析所需的全部数据信息，将其与合作者演化博弈模型及 Stackelberg 模型对应，所有变量数据汇总如表 4-12 所示。

博弈模型所有变量数据汇总表　　　　　　　　表 4-12

模型	符号	数值	单位	含义
合作者演化博弈模型	P_n	1827.27	元/m²	开发企业装配式建造成本，亦即施工企业装配式建造收益，通过二者装配式施工合同价体现
	P_t	1504.55	元/m²	开发企业传统建造成本，亦即施工企业传统建造收益，通过二者传统施工合同价体现
	R_n	11700	元/m²	开发企业装配式建筑产品收益，通过装配式住宅产品售价体现
	R_t	11700	元/m²	开发企业传统建筑产品收益，通过传统住宅产品售价体现
	C_n	1540	元/m²	施工企业装配式建造成本，包括装配式建造相关的直接费、间接费、利润和税金
	C_t	1075	元/m²	施工企业传统建造成本，包括传统建造相关的直接费、间接费、利润和税金

续表

模型	符号	数值	单位	含义
合作者演化博弈模型	a	0.02	/	政府直接补贴系数，通过全部专家调查的政府直接补贴预估金额与企业装配式建造成本换算
	G	63.18	元/m^2	政府间接补贴预估金额，全部专家调查估算
	θ	200	元/m^2	政府部门对装配式建造相关事宜的监管成本
	x	0.24		技术采纳偏好，通过开发企业专家调查估算
	y	0.28		技术供给偏好，通过施工企业专家调查估算
Stackelberg模型	n	5	/	6.1.2节调研的5家开发企业
	A	400000	m^2	长春市装配式建筑市场总需求，用2018年度装配式建造面积目标体现
	B	10		价格需求弹性，反映价格与需求变动关系
	$\overline{C}$	1827.27	元/m^2	开发企业装配式建造平均成本，P_n均值体现
Stackelberg模型	$\overline{F}$	740000	元	开发企业装配式建造指标不合格的失信罚金，用F均值体现
	P_0	23	元/t	碳交易价格，通过7家碳交易所均值体现
	Q	25	kg/m^2	每年单位面积平均碳减排量，本书仅选取2018年相关数据
	ω	630	元/m^2	资源能耗降低与固体垃圾减少的单位面积综合社会效益
	θ	200	元/m^2	政府部门对装配式建筑的单位面积监管成本
	T	0.4	/	政府部门对装配式建筑的最大监管力度
	D	0.02		政府部门要求建筑企业的装配式建造管理成本与装配式建造成本的底限比例
	H	3000000	元	政府部门对于建筑企业装配率不合格导致失信的容忍上限
	P_r	20000	元/m^2	政府部门对装配式建筑产品的市场限价
	β_0	20%	/	政府部门对装配率的底限要求
两模型共用	β (b)	0.13	/	装配率与增量建造成本转换系数，通过全部专家调查估算，用b均值体现

4.5.4 装配式建造技术扩散主体决策结果

4.5.4.1 主体决策形成的结果分析

根据表 4-12 中变量数据及相应分析，求解装配式建造企业间的合作者演化博弈模型，分别计算表 4-5 中 4 个判别公式，具体结果为：

$$R_n - P_n(1-a+b) + G = 9734.91 > 0$$
$$P_n - C_n(1-a+b) + G + C_t = 1256.05 > 0$$
$$R_t - P_t = 10195.45 > 0$$
$$P_t - C_t + C_n(1-a+b) - G = 2075.77 > 0$$

由 4.3.2 节演化稳定策略分析可知，在合作者演化博弈下，该计算结果满足表 4-5 的第一种收益组合情境，其对应的演化稳定点有两个，分别为（0，0）和

（1，1），表明在现有装配式建筑监管政策下，技术采纳企业与技术供给企业能够达成合作，实现装配式建造技术的有效扩散。但对于长春市的大多数装配式建造企业而言，扩散装配式建造技术和扩散传统建造技术同样有利可图，装配式建造技术扩散并未表现明显优势。如保持现状不变，随着时间推移，企业可能扩散装配式建造技术也可能扩散传统建造技术，存在两种演化稳定状态，这与专家调查结果以及长春市装配式建筑推广现状吻合。

相比传统建造技术扩散，装配式建造技术扩散需要企业更高的技术水平和建造能力，长春市装配式建筑市场发展不成熟，装配式建造技术初始投入较高，收益存在不确定性，而多数企业对于传统建造方式却很熟悉。因此，扩散装配式建造技术并没有在经济效益上显著优于扩散传统建造技术时，少数规模实力雄厚、社会责任感较强的企业愿意主动选择装配式建造技术，更多企业仍会选择传统建造技术，或者被动选择装配式建造技术，这并不利于装配式建筑的推广和地区建筑产业的整体升级。探究造成这种情况的原因，长春市政府和建设管理部门虽然发布若干装配式建筑扶持政策，但政策措施和监管机制的内容较为笼统，缺乏针对全生命周期不同阶段的具体操作办法，比如预制构件生产与运输方面的政策还未单独成文。此外，现有政策监管力度不足，尤其缺乏装配式建造实施效果的奖惩细则，无法刺激企业对装配式建造技术的主动选择，更多处于观望状态。另外，现阶段我国装配式建筑发展整体水平较低，吉林省甚至低于全国平均水平，装配式建造企业数量少，供应链不完善，处于装配式建筑的探索阶段，企业对装配式建筑发展前景不明朗。政府部门需要优化监管政策配置，有效引导企业扩散装配式建造技术，逐步实现建筑业转型升级目标。

4.5.4.2 主体决策优化的结果分析

根据表4-12变量数据分析，求解政府部门与装配式建造企业间的Stackelberg模型，在Visual Studio Code平台运行改进层次粒子群算法，充分考虑其他企业技术扩散决策，得到政府部门的合理监管政策与对应的最大化收益，以及5家装配式建造企业的适宜扩散决策与对应的最大化收益，结果如表4-13所示。

政府监管政策及企业扩散决策优化结果　　　　　表 4-13

博弈主体	目标函数	决策变量		
政府部门	社会整体收益（元）	直接补贴系数	间接补贴系数	装配率与增量成本转化系数
	$1.4495961555\times10^{10}$	0	0.39	0.20

续表

博弈主体	目标函数	决策变量	
	企业经济收益（元）	单位面积装配式建造管理成本（元/m²）	装配式建造面积（m²）
装配式建造企业	1.34168744×10^9	70.96	80000
	1.33090332×10^9	70.49	80001
	1.34001388×10^9	70.86	80016
	1.33090332×10^9	70.75	80002
	1.33090332×10^9	70.65	80001

由表 4-13 发现，5 家装配式建造企业对于装配式建造技术的适宜扩散决策差别很小，几乎是对长春市当年度装配式建筑市场需求的平均分配。事实上，专家调研选取的这 5 家房地产开发企业综合实力雄厚，均具备较强的装配式建造能力，在项目条件具备（比如不涉及复杂的面积拆分）或者实际情况允许（比如不涉及对某些特殊装配式建造技术的要求）时，对实力相当的装配式建造企业进行资源的平衡是有必要的，此种情境下政府部门社会整体收益最高，也有利于装配式建造企业间的良性竞争，防止个别企业出现垄断行为。

通过 Stackelberg 模型以及改进层次粒子群算法，对长春市政府部门现有的三项装配式建筑监管政策进行优化，得到的结果是直接补贴系数为 0，间接补贴系数为 0.39，装配率与装配式建造增量成本的转化系数为 0.2。表 4-11 专家调查数据显示，当前阶段长春市政府部门对省域装配式建筑相关的直接补贴系数约为 0.02，对大多数装配式建造企业而言，直接补贴金额相对于数额巨大的装配式建造成本来说杯水车薪，直接补贴政策对于其采纳装配式建造技术的促进力度非常小，几乎无法发挥对装配式建造技术扩散的激励作用，而这种直接资金支出形式的补贴政策，却会造成政府部门较重的财政负担，很难通过提高直接补贴金额来实现对装配式建造企业的激励，因此，本书优化后的直接补贴系数为 0 具有其合理性，与专家调查结果吻合。政府部门对装配式建造企业的间接补贴政策形式很丰富，最具有建筑领域特色，包括土地支持、投标加分、税费优惠、提前预售以及容积率或面积奖励等，这些措施能够增加企业取得项目建设机会以获得潜在收益，也能减少金融利息支出和大量资金占用，通过提前预售提高资金周转效率，以有限的资源实现最大化的收益，这对装配式建造企业而言更具有吸引力，同时这些举措也拥有很大的政策调整与干预空间。由表 4-13 可知，优化后的间接补贴系数为 0.39，而表 4-12 专家调查数据显示，长春市政府部门的间接补贴预估金额为 63.18 元/m²，占装配式建造平均成本（1827.27 元/m²）的比例约为 3.45%，与优化结果差距较大。这意味着政府部门在间接补贴政策方面可以加大扶持力度，尤其是相关政策措施的奖惩细则方面，目前仅发布了土地出让、建筑面积奖励以及提前预售的政策文件，一方面这些文件可以进一步细化，另一方面也需要将装配式建筑招标投标、税费计取等补贴政策尽快出台，在不直接增加财政支出的前提下，大力发展装配式建筑。装配率与装配式建造增量成本转化系数的优化结果为 0.2，通过 4.5.3.2 节的换算方法，得到装配率指标要求的优化值约为 0.31，即 31%。当前长春市对于装配率的实际底限要求为 20%，相对保守，将该强制性指标要求提高至 31% 时，也在多数装配式建造企业的接受范围内，并且能够获取更高的社会整体效益。

4.6　本章小结

本章将企业间交互、政策干预、网络权力及技术通用性 4 个核心驱动要素引入主体决策过程中，通过竞争者与合作者演化博弈，分析扩散主体决策的形成，发现装配式建造企业扩散决策受制于市场经营与政策补贴总收益，并提出监管政策存在一个最优配置，使得装配式建造企业选择装配式建造技术且政府监管成本最小。进一步借助 Stackelberg 模型，解析扩散主体决策与政府部门监管政策的协同优化，并在现实情境约束下，引入调节参数，分析装配式建造企业的适宜扩散决策及政府部门的合理政策配置。

通过本章的系统性分析，揭示了装配式建造技术扩散主体决策机制，验证了装配式建造技术扩散政策干预力度大但监管不完善的特征，并提供了监管政策优化配置的解决方案，回答了装配式建造技术扩散微观机理是什么的研究问题。

第**5**章

装配式建造技术扩散网络演化机制

本章在装配式建造技术扩散主体决策基础上，分析核心要素驱动下装配式建造技术扩散的网络化过程，论证装配式建造技术扩散网络的两阶段演化机理；将核心驱动要素引入两阶段演化模型，从企业择优选择合作者视角，系统揭示新企业进入扩散网络及扩散网络内部企业重连的完整演化；仿真模拟两阶段演化过程，刻画装配式建造技术扩散网络演化特征，揭示关键参数对扩散网络演化的影响机理。

5.1 装配式建造技术扩散的网络化过程

5.1.1 装配式建造技术扩散的网络化动因

由第 3 章扩散驱动要素分析可知，政策干预、网络权力、技术通用性及企业间交互是驱动企业采纳装配式建造技术的核心要素。在这些核心要素驱动下，装配式建造企业扩散决策持续发生，选择采纳装配式建造技术的企业越来越多，随着扩散的深入，装配式建造技术扩散呈现网络特征。

一方面，政府部门对装配式建筑实施的多种补贴政策能够降低企业技术采纳风险，减少企业装配式建造投入[36]，提高企业扩散绩效，促使企业做出装配式建造技术的扩散决策。另一方面，装配式建筑市场不成熟，现阶段的装配式建造需求主要为政府投资项目，装配式建造资源有限，企业为在装配式建筑市场占据一定份额，会选择联合竞标方式获取装配式建造项目，而政府为优化企业间资源配置，防止垄断损害市场秩序，也鼓励企业合作开发装配式建造项目。在政策干预下，企业扩散决策持续发生且企业间合作关系加强，促使扩散网络的形成。

网络权力直接表现为企业的综合吸引力，主要包括企业规模、社会口碑、专业经验以及装配式建造企业间的合作经历等因素。企业的网络权力越大，获取装配式建造相关信息越及时，拥有优势资源也越容易[146]，有利于吸引其他企业与其发生技术合作，合作企业数量增加，且合作关系逐渐增强，局部扩散网络形成。伴随更多企业进入扩散网络以及局部扩散网络之间产生联系，装配式建造技

127

术扩散网络化更深入、更广泛。

技术通用性越强，装配式建造企业的业务范围越容易发生重叠，越会促进装配式建造技术的合作与扩散。同时，较高的技术通用性水平有利于装配式建造技术通用体系的建立，降低新企业进入装配式建筑行业的门槛，采纳装配式建造技术的企业数量增加，装配式建造技术扩散网络逐渐形成。

良好的企业间交互显著提升装配式建造企业的扩散绩效，促使其做出装配式建造技术的扩散决策。在企业明确采纳装配式建造技术并确定最优扩散策略后，需要进一步选择最适宜的合作伙伴，通过协同创新或技术交易使企业之间产生联系，发生实质性技术扩散。企业不断做出扩散决策并完成合作者的择优选择，形成装配式建造技术扩散网络。

综上所述，装配式建造技术扩散的网络化动因即第3章识别的4个核心驱动要素，一方面，各驱动要素通过提升扩散绩效促使装配式建造企业做出扩散决策，越来越多企业扩散决策的持续发生，加速装配式建造技术扩散网络的形成[184]。另一方面，在核心要素驱动下，装配式建造企业间的技术合作与协同关系增强[185]，装配式建造技术扩散的网络化特征愈加明显。

5.1.2　装配式建造技术扩散网络描述

为使现实解释力更强且分析结果更准确，装配式建造技术扩散网络需要同时反映装配式建造企业间的技术合作关系与合作关系强度，因此，本书情境的装配式建造技术扩散网络是加权网络，具体描述如下。

装配式建造技术扩散网络中的节点为装配式建造企业，包括技术采纳企业和技术供给企业两种。在装配式建造技术扩散过程中，装配式建造企业的角色不固定且不唯一，同一装配式建造企业可能在一项技术扩散中是采纳者而在另外一项技术扩散中为供给者，也可能既是采纳者又是供给者。此外，装配式建造企业采纳（或供给）装配式建造技术的时间不同，一些企业创新能力较强或者管理者风险偏好较高，会相对较早地采纳（或供给）装配式建造技术，而一些规模实力较小或者管理者为风险厌恶型，则会较晚采纳（或供给）甚至拒绝装配式建造技术。根据企业采纳（或供给）装配式建造技术的进程，将其划分为四种类型：早期采纳（供给）者、早期大多数、后期大多数以及落后者[186]，对应企业的网络权力以及技术创新能力依次递减。

装配式建造技术扩散网络中的连边为装配式建造企业间的技术合作关系，也即装配式建造技术扩散的路径。不同装配式建造企业实力规模和行业影响力差异显著，对于计划进入装配式建造技术扩散网络的新企业而言，由于缺乏对扩散网络及网络内部已有装配式建造企业的充分了解，实力领先的装配式建造企业会更受欢迎，被选择合作的概率更大。此外，企业对于装配式建造技术的需求（或供给）类型不同，需要结合企业自身发展情况，根据技术相关程度，选择适宜的潜在合作伙伴建立技术合作关系。

装配式建造技术扩散网络的边权为装配式建造企业间的技术扩散频次，反映企业间技术合作关系的强度，是体现企业吸引力的重要方面。在装配式建造技术扩散网络中，装配式建造企业通过大众传播媒介（比如政府公开信息、媒体宣传等）获取装配式建造企业与装配式建造技术的相关信息，在潜在合作者选择过程中，企业间的交流强度与合作次数发挥重要作用。一方面，装配式建造企业会基于信任或减少交易成本而选择合作过的企业继续合作，或者接受他们对于潜在合作者的推荐，无权网络会造成此部分信息丢失而导致分析偏差。另一方面，扩散网络中的装配式建造资源有限，企业间的合作次数不能无限增加，需要合理利用有限资源选择最适宜的合作者。

5.2　装配式建造技术扩散网络两阶段演化机理

5.2.1　扩散网络演化动力

装配式建造技术扩散网络形成后，会在核心要素驱动下，在装配式建造企业的合作者选择过程中发生演化。网络权力、技术通用性、企业间交互及政策干预4 个核心要素作为技术扩散的网络化动因，其在扩散网络演化过程的驱动作用总结为以下几个方面的演化动力：

（1）经济效益最大化。装配式建造企业无法独立拥有装配式建造技术相关的全部信息，并可能缺乏实施特定技术的资金或能力，使得采纳装配式建造技术的不确定性较大。而企业进入装配式建造技术扩散网络，可以传播并获取装配式建造技术相关信息，通过充分的交流与合作，提高技术通用性，降低采纳和实施装配式建造技术的成本，规避装配式建造技术采纳风险，直接提高装配式建造企业的经济效益。同时，企业处于装配式建造技术扩散网络中，有利于发挥各自的网络权力，扩大社会影响力，提高在行业中的声望和地位，间接提高装配式建造企业的经济效益[132]。此外，装配式建造技术扩散的网络效应，刺激扩散网络中装配式建造企业择优选择合作者，加强彼此之间的协同合作，促进装配式建造技术在网络中的扩散，提高网络内装配式建造企业的总体效益。因此，装配式建造企业对于最大化利益的追逐，是装配式建造技术扩散网络演化的根本动力。

（2）市场环境。当前阶段，装配式建造技术成本与风险相对较高，装配式建造企业在做这种不确定性较高的技术采纳决策时，受到行业中其他企业的采纳行为以及整体市场环境的影响[77]。市场中大部分企业运转良好，竞合环境和谐有序，会吸引更多的企业主动采纳装配式建造技术[35]，加入技术扩散网络。此外，稳健的市场环境能够为装配式建造企业提供更多的技术支持和更有力的资金保障，促进新企业进入扩散网络以及网络内部已有企业间发生新合作。反之，动荡的市场环境则可能迫使装配式建造企业不得不退出扩散网络。因此，市场环境对装配式建造企业进入和退出装配式建造技术扩散网络有重要影响，导致装配式建造技术扩散网络不断演化。

（3）制度压力。制度理论认为制度压力分为规制压力、规范压力和模仿压力[140]。政府将装配式建造技术的采纳和实施作为装配式建造企业声誉的重要评价指标，则对装配式建造企业形成规制压力，促使装配式建造企业进入并活跃在装配式建造技术扩散网络中[187]。这种规制压力分为强制型和激励型两种。强制型通常表现为土地用途限制、装配式建造面积比例及装配率指标要求等，当下政府对装配式建造技术的推广更多采用激励型政策，包括行政补贴、税费优惠、容积率奖励以及投标加分等措施。规范压力能够激励装配式建造企业采纳并实施装配式建造技术，以获得社会或行业认可[188]。比如，面对来自行业协会确定的装配式建筑相关行为准则，装配式建造企业会倾向于与其他处于相同规范环境的装配式建造企业保持社会期望的一致。此外，随着行业中已采纳技术的企业数量增加，装配式建造企业会感觉到模仿的压力越来越大[187]，进而"迫使"其采纳装配式建造技术，以占有一定的市场份额。因此，制度压力显著驱动装配式建造技术扩散网络的演化。

综上所述，装配式建造企业在经济效益最大化的内部驱动及市场环境与制度压力的综合外力作用下，进入装配式建造技术扩散网络中，并不断与扩散网络内外的其他装配式建造企业交互协同，驱动装配式建造技术扩散网络持续演化。

5.2.2 扩散网络演化规则

基于复杂网络理论，装配式建造技术扩散网络的演化满足增长规则与择优连接规则[102]。

（1）增长规则。装配式建造技术扩散网络的增长，包括节点数的增长、节点间连接关系的增长以及节点间连接强度的增长。装配式建造技术扩散网络中的装配式建造企业存在资源依赖[189]，彼此间的协同关系能够突破地理限制。一方面，扩散网络将地理分散的装配式建造技术及相关资源有效整合，依托中央及地方政府对装配式建造技术的大力支持，持续吸引新企业进入扩散网络，促使装配式建造技术扩散网络节点数的不断增加。另一方面，由于装配式建造技术类型繁多，装配式建造企业所需技术无法仅从一家合作企业全部得到，其通过逐步深入的了解，会在扩散网络内部选择一些从未合作但创新能力较强的企业合作，建立新的连接关系。此外，装配式建造技术复杂度较高，已经连接的装配式建造企业间不会只发生一次装配式建造技术的合作即可完成装配式建造全过程，基于信任和较低的交易成本，这些装配式建造企业之间会发生多次装配式建造技术合作，彼此间连接关系及连接强度都会增加。

（2）择优连接规则。新进入装配式建造技术扩散网络的装配式建造企业在选择合作伙伴及建立合作关系时不是随机的，而是遵循择优连接规则，以实现企业在资源约束下的最大化收益。一方面，装配式建造企业趋向于选择扩散网络中综合实力较强、市场竞争力较大的综合型装配式建造企业合作[146]，这些企业拥有更多先进技术与优势资源，能够有效降低新进入装配式建造企业的技术采纳风险。另一方面，扩散网络内部的装配式建造企业也会出于了解信任或者"朋友"推荐，选择那些拥有核心技术和产品以及高水平研发团队的企业合作，这些企业多数规模较小或处于发展上升期，但技术创新能力较强，能够丰富装配式建造企业的合作关系多样性[190]，相对实力规模较大的企业存在自身被选择合作的优势。

5.2.3 扩散网络两阶段演化过程

由装配式建造技术及其扩散特征以及装配式建造技术扩散本质分析可知，装配式建造技术扩散通常由组织间合作实现，而具有合作关系的企业会逐渐形成装配式建造技术合作网络（节点为扩散主体，即装配式建造企业；连边表示组织间合作关系，即装配式建造技术扩散路径；连边权重为装配式建造企业间的合作次数，即技术扩散频次），以此作为初始装配式建造技术扩散加权网络（以下简称"初始扩散网络"）。初始扩散网络在演化动力要素的驱动下，按照择优连接规则，发生节点数量、连边数量以及连边强度不断增长的网络演化。

第一阶段，基于复杂网络理论，初始扩散网络不断吸引新的装配式建造企业进入，装配式建造企业按择优概率选择已有网络成员建立新的连接，产生新的合作关系。随着扩散深入，初始扩散网络的节点数量不断增加，网络规模持续扩大。在此阶段，由于对扩散网络及网络内部成员了解程度不高，且技术采纳企业与技术供给企业间存在信息的不对称，新进入扩散网络的装配式建造企业通过技术相关程度匹配，在潜在合作者中倾向于选择实力较强、规模和社会影响力较大的装配式建造企业。此外，扩散网络内装配式建造企业拥有的装配式建造资源有限，为规避技术采纳风险，新装配式建造企业通常不会在该阶段同时选择多个企业合作，而是择优选择一家首先合作，借此进入装配式建造技术扩散网络，此阶段适用于节点强度和边权持续增长的 BBV 演化模型。

第二阶段，受推荐系统研究启发，在进入扩散网络后一段时间，新装配式建造企业掌握更多网络内部潜在合作者的信息，并在网络内产生新的合作关系。在此阶段，新装配式建造企业对合作伙伴的选择，不再局限于规模较大的装配式建造企业，可能会基于熟悉、信任以及"朋友"推荐而选择特定领域技术创新能力较强的中小企业，增强合作关系的多样性[190]，或者增加与已建立合作关系的装配式建造企业的合作次数，提升合作关系强度。同时，网络内部其他装配式建造企业之间也会产生新的合作关系或增加原有合作关系强度。内部装配式建造企业间合作关系与强度的变化能够显著提升网络连通程度，但不会引起网络规模的扩大，此阶段适用于复杂网络理论的链路预测算法实现预测。

经过第二阶段的演化，新装配式建造企业成为装配式建造技术扩散网络的既有成员，继续参与第一阶段的演化，被后续新进入网络的装配式建造企业择优选择。经过两阶段的循环，装配式建造技术扩散网络实现由外及内的完整演化，直至达到演化稳定状态。装配式建造技术扩散网络的两阶段演化示意如图 5-1 所示。

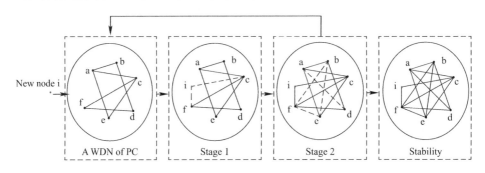

图 5-1　装配式建造技术扩散网络的两阶段演化示意图

综上所述，装配式建造技术扩散网络的两阶段演化过程是基于复杂网络理论与推荐系统研究提出，理论依据充分，为保证两阶段演化模型构建的可靠与有效，需要进一步检验其现实合理性。

本书是从企业择优选择合作者视角分析扩散网络的全面演化，因此，两阶段演化过程反映了企业管理者在不同时期的合作者选择偏好。基于此，本书采用专家访谈方法，面向来自 5 种不同装配式建造企业类型的 16 名专家进行电话访谈，获取这些企业高管在不同时期对于潜在合作者的选择意愿信息。具体实施过程如下。

首先，明确访谈专家选择标准。①专家所在企业已经从事三年以上装配式建造相关业务；②访谈企业类型至少包括施工企业、开发企业、咨询设计企业、构件生产企业以及设备技术供应企业；③受访专家均为企业高层管理人员，具备装配式建造管理经验，并对企业采纳装配式建造技术拥有决策权。

其次，执行专家访谈过程。通过国家"十三五"重点研发计划课题"工业化建筑发展水平评价技术、标准与系统"合作企业推荐，以"滚雪球"方式获取30家装配式建造企业及其管理者信息。排除不具备装配式建造管理经验或者无权决策企业采纳装配式建造技术的受访者，最终确定来自5种企业类型的16名专家进行一对一电话访谈。专家访谈问题共两个：①在缺乏装配式建造经验的技术扩散初始阶段，贵企业会选择哪种装配式建造企业进行技术合作，为什么？②在拥有一定装配式建造能力和经验后，贵企业会选择哪种装配式建造企业进行技术合作，为什么？

最后，进行调研结果分析。对获取的有效调研信息分析发现，16名专家分别来自开发企业（12.5%）、施工企业（37.5%）、咨询设计企业（18.75%）、构件生产企业（18.75%）及设备技术供应企业（12.5%），满足访谈设定要求。其中，15名专家（94%）一致认为，企业会在技术扩散初期选择大型企业合作以获取资金与技术支持，降低技术采纳风险，而在采纳技术一段时间并拥有一定装配式建造能力后，倾向于选择特定领域创新能力较强的中小企业，以降低交易成本，并发展多样化的合作关系，保证企业可持续运营。由专家访谈结果可知，装配式建造技术扩散网络的两阶段演化过程通过了实践检验。

因此，本书提出的装配式建造技术扩散网络的两阶段演化过程，理论依据充分，现实验证合理，基于此过程构建的两阶段演化模型可靠且有效。

5.3 装配式建造技术扩散网络两阶段演化模型

基于装配式建造技术扩散网络的两阶段演化机理，从企业择优选择合作者视角，引入企业间交互、政策干预、网络权力及技术通用性4个核心驱动要素，构建两阶段演化模型。基于5.2.3节分析，提出改进BBV模型，分析第一阶段新企业进入扩散网络的演化过程，设计链路预测混合算法，揭示第二阶段扩散网络内部企业重连的演化特征，下面详细论述模型的构建与解析过程。

5.3.1 第一阶段新企业进入扩散网络的演化模型

5.3.1.1 扩散网络演化的理论基础

加权网络的演化，是网络拓扑结构与权重分布的耦合演化[191]。装配式建造技术扩散网络演化模型是在传统 BBV 模型[70]上的改进，BBV 模型是第一阶段新企业进入扩散网络演化分析的理论基础。

在加权网络中，w_{ij} 表示节点 i 和节点 j 之间的连边权重，用公式 $w_{ij} = k_i / \sum\limits_{\Gamma_i} k_j$ 计算。该加权网络可以用网络的连边权重矩阵 $W(w_{ij})$ 表示，其中 i，$j = 1$、2、L、N，N 表示网络规模。对于无向网络，权重矩阵是对称的，满足 $w_{ij} = w_{ji}$。加权扩散网络中节点的强度（或称点权）s_i，用公式表示为：

$$s_i = \sum_{j \in \tau(i)} w_{ij} \tag{5-1}$$

式中，$\tau(i)$ 表示与节点 i 相连的所有点集，即节点 i 的邻居集合。

显然，节点强度的概念包含节点度的信息，也包含所有连边的权重信息。

BBV 模型[70]的演化过程总结为以下 3 个步骤：

（1）初始设定：给定一个加权网络，具有 m_0 个节点，e_0 条边，且每条边都赋予权值 w_0。

（2）增长：每次增加一个新节点 n，让这个新节点与网络中已有的 m 个节点相连，形成 m 条连边。新节点 n 对于网络中已有节点的选择按照权重优先进行，设一个已有节点 i 被选择的概率为：

$$\prod_{n \to i} = \frac{s_i}{\sum\limits_j s_j} \tag{5-2}$$

由此可见，网络中强度越大的节点越有被新加入节点选择的可能。

（3）边权的动态演化：将每次新形成的连边 (n, i) 都赋予一个权值 w_0。为计算简便，认为新连边 (n, i) 只会局部地引发被连接节点 i 与它的邻居节点 $j \in \tau(i)$ 的边权值的重新调整，且调整按照式（5-3）、式（5-4）执行：

$$w_{ij} \to w_{ij} + \Delta w_{ij} \tag{5-3}$$

$$\Delta w_{ij} = \delta_i \frac{w_{ij}}{s_i} \tag{5-4}$$

上述公式表明，每次新增加的连边 (n, i)，会给已有节点 i 带来额外的流量负担 δ_i（在 BBV 模型中被称为附加增量），而与之相连的边会按照它们自身的权值 w_{ij} 大小分担相应的流量。因此，节点 i 的总权重调整为：

$$s_i \to s_i + \delta_i + w_0 \tag{5-5}$$

通过 BBV 模型，得到演化稳定网络的节点总权重 $s_i(t)$ 和边权 $w_{ij}(t)$ 的分布函数，满足 $P(s) : s^{-\frac{4\delta+3}{2\delta+1}}$，$P(w) : w^{-(2+\frac{1}{\delta})}$，即二者都随着时间的演化服从幂律分布[192]，演化后的加权网络具有无标度特征。

5.3.1.2 扩散网络演化的指标选择

基于5.1.1节及5.2.1节装配式建造技术扩散的网络化动因及网络演化动力分析，将企业间交互、网络权力、技术通用性及政策干预4个核心驱动要素引入扩散网络演化研究。企业间交互在装配式建造企业的合作者择优选择过程中体现，网络权力、技术通用性及政策干预要素分别通过企业吸引力、技术相关度及装配式建造资源上限指标反映。

（1）企业吸引力。装配式建造技术扩散网络中的已有成员，对新进入的装配式建造企业具有一定的吸引力，通常与企业网络权力有关。由于装配式建筑发展尚不成熟，技术供给企业与技术采纳企业之间信息不对称，大多数企业在首次进入装配式建造技术扩散网络时倾向选择规模大的企业，以降低技术采纳的不确定性。装配式建造技术扩散网络中企业的吸引力越强，越容易被新进入的装配式建造企业选择合作。本书基于节点度的定义，设定上述影响企业（节点）i吸引力的要素为吸引因子，记为β_i，用单位时间内获得的连边数量$e_i/\Delta t$来表示[193]。节点度只表示节点的连边数量（即企业的合作者数量），而节点吸引力因子不但体现节点连边信息，还包含节点自身的属性信息，即企业网络权力。

因此，企业吸引力指标主要用来影响新企业对扩散网络内部已有企业的选择，对应的是"网络权力"这个驱动要素。

（2）技术相关度。传统网络演化分析中，任何节点之间都可以产生连接关系，但装配式建造技术扩散网络中，只有装配式建造企业需求或使用的技术相关联，企业之间才有发生合作的可能。装配式建造技术包含内容广泛，大到不同的技术体系小到具体的施工工艺，计划进入扩散网络的新企业首先需要判断所需技术与潜在合作者拥有技术的相关程度，技术相关度较低甚至不相关的企业，直接排除当前合作可能，而将技术相关度较高的企业列入备选范围，进一步分析是否选择合作。因此，技术相关度是装配式建造技术扩散首要考虑的因素，直接关系到装配式建造企业能否匹配最适宜的合作伙伴。企业间的装配式建造技术相关度越高，发生合作的可能性越大或者合作频次越高，连接关系越紧密。

装配式建造企业间的技术相关度需要通过特定指标的定量关系衡量。为简化计算又不失合理性，本书提出基于装配式建造企业的主营业务内容匹配方法进行技术相关度指标的计算。具体地，通过对装配式建造企业信息的收集，梳理企业的装配式建造业务范围，主要包括房地产开发、咨询设计、设备机械、构件部品生产、建材供应、施工安装、装饰装修、智能化技术、科研试验、检测监督10个类别。装配式建造企业的主营业务包括上述分类越多，越容易与其他企业所需的装配式建造技术相关，即技术相关度越高。借鉴已有研究[193]，将装配式建造

企业 i 与装配式建造企业 j 之间技术相关度指标 R_{ij} 采用如下公式计算：

$$R_{ij} = \frac{1}{|h_i - h_j|} \tag{5-6}$$

在式（5-6）中，对于每一个装配式建造企业 i，根据其装配式建造业务范围赋予一个参数 h_i，该参数用来衡量两个装配式建造企业之间的业务相近程度，满足 $h_i \in (0, 10]$。参数值 h_i 越大，表明对应装配式建造企业的主营业务范围越小，计算得到的技术相关度指标越小，其越不容易与其他企业需求的装配式建造技术相关，而错过被推荐连接的机会。

根据中心极限定理，大样本数据可近似认为满足正态分布。通常来说，技术相关度特别高（产业链综合企业）或者特别低（单一业务企业）的企业数量较少，大部分处于具有若干装配式建造业务、与其他企业存在一定技术相关度的平均水平。因此，本书假设技术相关度指标符合正态分布，通过设定指标阈值，实现企业间装配式建造技术相关程度的判断。技术相关度阈值设置过高，会导致新企业很难加入装配式建造技术扩散网络，设置过低，表明装配式建造技术已经达到非常高的通用性，新企业进入门槛很低，这显然不符合当前装配式建筑的发展现状。根据标准正态分布的特点，技术相关度指标取 2 时，即可达到 97.72% 的较高水平，程序中设置实际技术相关度大于该相关度指标，表明技术相关程度已经达到 97% 以上，符合装配式建造技术现实要求，具有良好的现实解释力，为可接受范围。

技术相关度指标设置了新企业进入扩散网络的"门槛"，由于采用装配式建筑业务内容计算，间接反映了扩散网络内部企业的平均装配式建造技术水平，对应的是"技术通用性"这个驱动要素。

（3）装配式建造资源上限。一方面，扩散网络内部所有企业共用的装配式建造资源是有限的，政府部门需要通过企业间资源的优化配置，实现整体扩散绩效的最大化。另一方面，对于装配式建造企业个体而言，能够获取和使用的装配式建造资源也是有限的。当装配式建造企业形成的技术合作数量或合作关系强度达到一定水平，受到资源限制，企业不能从扩散网络中获取更多装配式建造机会或者自身无法配置相应的人力和资金应付过多的合作，此时，新加入企业可能会选择与该装配式建造企业存在合作的其他企业，间接建立合作关系。随着技术扩散的深入，拥有相似装配式建造技术的企业数量增多，新加入网络的装配式建造企业选择机会增多，原来拥有该项装配式建造技术的企业无法与其合作时，新加入企业会转而选择替代企业。扩散网络内装配式建造资源上限越小，表明装配式建筑的整体发展水平越低，市场越不成熟[194]。监管政策的干预能够调整装配式建造资源的供给，平衡装配式建造企业间资源分配，防止垄断，并影响企业对装配式建造技术的扩散决策，优化装配式建造技术扩散路径。

装配式建造资源上限指标影响扩散网络内已有企业对新进入企业的选择，是指网络内部全部企业的整体资源有限性，能够通过政策手段调控，对应的是"政策干预"这个驱动要素，在扩散网络演化分析中用节点强度阈值参数 s_0 表示。

5.3.1.3 扩散网络演化的改进 BBV 模型

在传统 BBV 模型[70]基础上，引入技术相关度、企业吸引力及装配式建造资源上限指标，构建装配式建造技术扩散网络演化的改进 BBV 模型。

基于初始扩散网络，设定网络参数（包括节点数量、连边数量、连边权重及节点强度阈值等）。当一个新的装配式建造企业进入初始扩散网络，会首先与初始扩散网络中具有较高技术相关度的已有成员构成一个局域"世界"。在这个局域"世界"中，新进入企业在装配式建造资源约束范围内，按照技术相关度，筛选潜在合作企业，通过企业吸引力大小确定最适宜的合作伙伴。在新进入企业与所选择的装配式建造企业产生连接后，网络中的节点强度分布和节点度分布都会发生变化，扩散网络完成一次演化。循环上述过程，扩散网络规模不断增加，直至达到设定的演化次数或者自然演化稳定状态，得到第一阶段的网络演化输出。改进 BBV 模型的完整构建过程如下。

（1）初始设定。假设初始扩散网络是无标度网络，节点数量 m_0，连边数量 e_0，连边权重 w_0，节点强度阈值为 s_0。

（2）局域"世界"。每个时间间隔 Δt，扩散网络中加入一个新节点 n。由 5.3.1.2 节可知，技术相关度参数为 R，服从标准正态分布。假设扩散网络中已有 v_t 个节点与新节点 n 具有较大技术相关度，构成一个局域"世界" N_n，满足 $v_t \leqslant t + m_0$。每个在 N_n 中的节点可能与新节点 n 构成新的连接。假设 i 是局域"世界" N_n 中已存在的节点，节点 j 和节点 k 是局域"世界"中 i 的邻居（节点之间存在连接关系，即有边连接，互称为邻居），记为 $j \in \tau(i)$，$k \in \tau(i)$，l 是局域"世界"中 j 的邻居，记为 $l \in \tau(j)$。

（3）择优增长。在节点强度有限的假设下，对第（2）步形成的与新节点 n 相关的局域"世界" N_n，新节点 n 的择优选择过程如下。

① 新节点 n 与局域"世界" N_n 中已存在的 m 个不同节点择优连接，形成 m 条新边。假设新节点 n 与 v_t 中的任一节点 i 连接的概率依赖于节点强度 s_i 和吸引因子 β_i，即已有节点 i 被新节点 n 选取的概率为：

$$\prod_{n \to i} = \frac{s_i + \beta_i}{\sum\limits_{j \in \tau(i)} (s_j + \beta_j)} \tag{5-7}$$

② 检验在①中被选取的节点 i 的强度 s_i，若节点 i 的强度 $s_i < s_0$，表示节点 i 尚未达到资源上限，能够继续接受新的连边，即新节点 n 以概率 $\prod_{n \to i} = (s_i + \beta_i)/\sum_{j \in \tau(i)}(s_j + \beta_j)$ 与节点 i 优先连接；若节点 i 的强度 $s_i \geqslant s_0$，表示节点 i 已达到资源上限，不能继续接受新连边，即新节点 n 不与节点 i 相连，而按照概率 $\prod_{n \to i} = s_k w_{ik}/s_k \sum_j s_j = w_{ik}/\sum_j s_j$ 选取节点 i 的邻居节点 $k \in \tau(i)$ 连接。如果节点 i 的一个邻居 $j \in \tau(i)$ 被优先选择与新节点 n 相连，节点 i 的强度 s_i 也会发生变化。

（4）节点强度和节点度的动态演化。根据第（1）~（3）步，得到 t 时刻节点 i 强度 s_i 的变化率为：

$$\frac{ds_i}{dt} = m\left[\frac{R(s_i + \beta_i)}{\sum_j R(s_j + \beta_j)} + \frac{w_{ik}}{\sum_j s_j}\right](1+\delta) + \sum_j m \frac{s_j}{\sum_l s_l}\delta \frac{w_{ij}}{s_j} \tag{5-8}$$

节点 i 度 k_i 的变化率为：

$$\frac{dk_i}{dt} = m\left[\frac{R(s_i + \beta_i)}{\sum_j R(s_j + \beta_j)} + \frac{w_{ik}}{\sum_j s_j}\right] \tag{5-9}$$

式中　w_{ij}——节点 i 与节点 j 的连边权重；

　　　w_{ik}——节点 i 与节点 k 的连边权重；

　　　δ——BBV 模型的附加增量。

在初始条件下，装配式建造技术扩散网络在此后的每个时间间隔都会经过（2）~（4）的演化阶段，直到达到一个稳定的演化状态，即达到设定的演化终止次数或者节点强度分布与节点度分布曲线达到收敛。

对于 BBV 模型中的附加增量 δ，在装配式建造技术扩散网络的现实意义是：

（1）当节点的附加增量 δ 等于节点初始强度时，说明所对应的装配式建造企业仅仅发挥装配式建造技术扩散信息中转的作用，装配式建造技术合作被其周围辐射的装配式建造企业分担，而其自身没有实际的技术合作发生。

（2）当节点的附加增量 δ 大于节点初始强度时，说明对应的装配式建造企业产生新合作，且合作存在乘数效应，使得该装配式建造企业与合作者产生当次技术合作之外的其他合作，并伴随额外的技术扩散效益产生。

（3）当节点的附加增量 δ 小于节点初始强度时，说明对应装配式建造企业的当次合作减少原有技术合作关系，固有合作者产生流失，部分流至该企业周围辐射的装配式建造企业中去。

本书采用平均场理论方法[195]解析改进 BBV 模型，装配式建造技术扩散网络的节点强度分布与节点度分布的求解过程如下。

（1）节点强度分布分析。基于 BBV 模型生成规则，每增加一条边，网络整体的总强度增加 $2+2\delta$。依据节点强度变化率公式（5-8），每个时间间隔 Δt 加入 m 条边，则 $\sum_j s_j \approx 2m(1+\delta)t$。已知技术相关度参数 R 满足标准正态分布，满足 $\sum_j R s_j = 2\lambda m(1+\delta)t$，其中 λ 取值与 R 分布有关。节点 i 的吸引力因子 β_i 期望 $\langle\beta\rangle = \beta^*$，满足 $\lim\limits_{t\to\infty}\sum_j \beta_i = \langle\beta\rangle t = \beta^* t$，则有 $\sum_j R\beta_j = \gamma\beta^* t$，在特定时间间隔 Δt 内 β^* 为常数，γ 取值与 R 分布有关。将上述设定代入式（5-8），得到：

$$\frac{ds_i}{dt} = \frac{mR(s_i+\beta_i)(1+\delta)}{2\lambda m(1+\delta)t + \gamma\beta^* t} + \frac{\delta s_i}{2(1+\delta)t} + \frac{w_{ik}}{2t}$$

$$= \frac{2mR(s_i+\beta_i)(1+\delta)^2 + \delta s_i[2\lambda m(1+\delta)+\gamma\beta^*] + w_{ik}[2\lambda m(1+\delta)+\gamma\beta^*](1+\delta)}{2[2\lambda m(1+\delta)+\gamma\beta^*](1+\delta)t}$$

$$\text{(5-10)}$$

令 $A=(1+\delta)$，$B=2\lambda m(1+\delta)+\gamma\beta^*$，上式可化简为：

$$\frac{ds_i}{dt} = \frac{2mRA^2(s_i+\beta_i) + \delta B s_i + ABw_{ik}}{2ABt} \tag{5-11}$$

变换等式：

$$\frac{ds_i}{2mRA^2(s_i+\beta_i) + \delta B s_i + ABw_{ik}} = \frac{dt}{2ABt} \tag{5-12}$$

两边求积分：

$$\ln(2mRA^2(s_i+\beta_i) + \delta B s_i + ABw_{ik}) = \frac{1}{2AB}\ln 2ABt + c \tag{5-13}$$

解得

$$2mRA^2(s_i+\beta_i) + \delta B s_i + ABw_{ik} = e^c(2ABt)^{\frac{1}{2AB}} \tag{5-14}$$

令 $e^c=C^*$，$\varepsilon=1/2AB$，则有：

$$2mRA^2(s_i+\beta_i) + \delta B s_i + ABw_{ik} = C^*(2ABt)^\varepsilon \tag{5-15}$$

已知微分方程的初始条件 $s_i(t_i)=m$。假定 w_{ik} 为常数，不随时间 t 变化，记为 $w_{ik}=w$。得到

$$C^* = \frac{2mRA^2(m+\beta_i) + \delta Bm + ABw}{(2ABt_i)^\varepsilon} \tag{5-16}$$

代入式（5-15）得到

$$2mRA^2(s_i+\beta_i) + \delta B s_i + ABw = \frac{(2ABt)^\varepsilon}{(2ABt_i)^\varepsilon}[2mRA^2(m+\beta_i) + \delta Bm + ABw]$$

$$\text{(5-17)}$$

即：

$$(2mRA^2 + \delta B)s_i + (2mRA^2\beta_i + ABw) = \frac{(t)^\varepsilon}{(t_i)^\varepsilon}[2mRA^2(m+\beta_i) + \delta Bm + ABw]$$

(5-18)

于是得到

$$s_i(t) = \frac{(t)^\varepsilon}{(t_i)^\varepsilon} \frac{[2mRA^2(m+\beta_i) + \delta Bm + ABw]}{(2mRA^2 + \delta B)} - \frac{2mRA^2\beta_i + ABw}{2mRA^2 + \delta B}$$ (5-19)

令 $D_1 = [2mRA^2(m+\beta_i) + \delta Bm + ABw]/(2mRA^2 + \delta B)$，$D_2 = (2mRA^2\beta_i + ABw)/(2mRA^2 + \delta B)$，化简表达式为：

$$s_i(t) = \frac{(t)^\varepsilon}{(t_i)^\varepsilon}D_1 - D_2$$ (5-20)

则节点强度 $s_i(t)$ 的概率分布为：

$$P(s_i(t) < s) = P\left(D\left(\frac{t}{t_i}\right)^\varepsilon < s + D_2\right) = 1 - P\left(t_i \leqslant t\left(\frac{D_1}{s+D_2}\right)^{\frac{1}{\varepsilon}}\right)$$ (5-21)

根据装配式建造技术扩散网络演化规则，每个时间间隔有且仅有一个节点加入扩散网络中，时间 t 服从均匀分布，即 $P(t_i) = 1/(m_0 + t)$，则

$$P(s_i(t) < s) = 1 - \frac{t}{m_0 + t}\left(\frac{D_1}{s+D_2}\right)^{\frac{1}{\varepsilon}}$$ (5-22)

于是节点 i 强度为 s 的概率密度函数 $P(s)$ 为：

$$P(s) = \frac{\partial P(s_i < s)}{\partial s} = \frac{1}{\varepsilon}\frac{t}{m_0 + t}D_1^{\frac{1}{\varepsilon}}(s+D_2)^{-(1+\frac{1}{\varepsilon})}$$ (5-23)

将 $\varepsilon = 1/2AB$ 带入式（5-23），得到

$$P(s) = \frac{t}{m_0 + t}2ABD_1^{2AB}(s+D_2)^{-(2AB+1)}$$ (5-24)

当 $t \rightarrow \infty$ 时，$P(s)$：s^{-r}。节点强度分布符合幂律分布特征，幂指数 r 为：

$$r = 2AB + 1 = 2(1+\delta)[2\lambda m(1+\delta) + \gamma\beta^*] + 1$$ (5-25)

可以看到，幂指数 r 的取值与 δ、m、λ、γ 和 β^* 有关，其中 λ 和 γ 的取值由技术相关度指标 R 决定。因此，装配式建造技术扩散网络的演化稳定状态取决于 BBV 模型附加增量 δ、择优连接节点数量 m、技术相关度指标 R 和节点吸引力因子 β^*。鉴于 δ 为 BBV 模型确定参数，β^* 在模型演化过程中生成且为常数，R 与分布函数形式有关，后续分析将重点讨论择优连接节点数量 m 及装配式建造资源上限 s_0 对扩散网络演化特征的影响。

（2）节点度分布分析。用与节点强度分布分析相同的方法推导验证节点度分布规律。根据式（5-9）的节点度变化率，解得节点度 $k_i(t)$ 的表达式为：

$$k_i(t) = \frac{(t)^\varepsilon}{(t_i)^\varepsilon} \frac{[2mRA(m+\beta_i)+Bw]}{2mA} - \frac{Bw+2mA\beta_i}{2mA} \qquad (5\text{-}26)$$

令 $E_1 = [2mRA(m+\beta_i)+Bw]/2mA$，$E_2 = (Bw+2mA\beta_i)/2mA$

于是节点 i 度为 k 的概率密度 $P(k)$ 为：

$$P(k) = \frac{\partial P(k_i < k)}{\partial k} = \frac{1}{\varepsilon} \frac{t}{m_0+t} E_1^{\frac{1}{\varepsilon}} (k+E_2)^{-(\frac{1}{\varepsilon}+1)} \qquad (5\text{-}27)$$

将 $\varepsilon = 1/2AB$ 带入式（5-27），得到

$$P(k) = \frac{t}{m_0+t} 2AB E_1^{2AB} (k+E_2)^{-(2AB+1)} \qquad (5\text{-}28)$$

当 $t \to \infty$ 时，$P(k): k^{-r}$。节点度分布符合幂律分布特征，幂指数 r 表示为

$$r = 2AB+1 = 2(1+\delta)[2\lambda m(1+\delta)+\gamma\beta^*]+1 \qquad (5\text{-}29)$$

基于上述分析，装配式建造技术扩散网络的节点强度分布与节点度分布都满足无标度特征，且幂指数都是相对于传统 BBV 模型平移了一个常数。因此，不考虑网络内部企业重连时，在新企业进入网络后，随着扩散深入，装配式建造技术扩散网络演化满足无标度特征。

5.3.2 第二阶段企业在扩散网络内重连的演化算法

装配式建造企业进入装配式建造技术扩散网络一段时间后，经过第一阶段新企业进入扩散网络的演化。一方面，与大企业寻求合作的企业数量多，而企业资源有限，会导致交易门槛和成本增加；另一方面第一阶段的新企业此时已经具备一定的装配式建造能力，无需过度依赖大企业扶持。同时，对网络内已有企业的熟悉程度增加，获取技术与企业信息的渠道更丰富，可以基于信任选择新的合作对象，也可能通过"朋友"（比如以往技术合作企业或者供应链合作企业）推荐，多元化地选择技术合作者。此外，扩散网络中的其他已有成员之间也会重新调整交互关系，企业之间没有合作的（节点间无连边）可能会产生合作关系，已经合作的（节点间有连边）可能会增加合作次数，使得扩散网络的连通性增强，扩散网络内部节点的连边数量和连边权重不断变化，但在此过程中网络规模不变。在装配式建造技术扩散网络演化的第二阶段，揭示新企业对于网络内部潜在合作者的择优选择以及其他企业之间关系的重建过程，链路预测方法具有很好的适用性。本书将通过链路预测算法设计，求解装配式建造技术扩散网络内部的节点重连概率，为扩散网络内的装配式建造企业推荐可靠且多样化的潜在合作者。

5.3.2.1 扩散网络内部重连的理论基础

（1）局部随机游走算法。随机游走算法是物质扩散算法的改进算法，遵循系统的能量守恒原理[196]，由于其算法效率低，一些学者提出局部随机游走算法

（Local Random Walk algorithm，LRW）[123,197]，以提高算法性能。

在装配式建造技术扩散网络的邻接矩阵 W 中，元素 w_{ij} 表示企业 i 与企业 j 连边权重。假设目标企业（被推荐企业）为 i，先分配 1 单位资源给所有与企业 i 相连接的企业，经过 2 步扩散后，所有资源重新返回企业 i，这 2 步扩散被称为 Macro-Step（MS）[123]。假设扩散网络的初始资源向量为 $\vec{f}$，进行一次 MS 扩散后，待推荐企业 α（向目标企业 i 推荐的企业）的资源向量为 $\vec{f'} = M_{LRW}\vec{f}$，其中 M_{LRW} 为资源转移矩阵，矩阵元素 $m_{\alpha\beta}^{LRW}$ 的计算公式如下：

$$m_{\alpha\beta}^{LRW} = \frac{1}{s_\alpha}\sum_{i=1}^{n}\frac{w_{i\alpha}w_{i\beta}}{s_i} \tag{5-30}$$

式中　s_i——目标企业 i 的强度；

　　　s_α——待推荐企业 α 的强度；

　　　$w_{i\alpha}$、$w_{i\beta}$——扩散网络邻接矩阵的元素。

经过 n 步 MS 扩散后，待推荐企业 α 的资源演化为 $\vec{f^n} = M_{LRW}\vec{f^{(n-1)}} = M_{LRW}^n\vec{f}$，$\vec{f^n}$ 即待推荐企业 α 的最终资源得分。按此计算设定数量的待推荐企业的资源得分，并将得分降序排列，排名最高的企业推荐给目标企业 i，完成新连接，产生新合作关系。局部随机游走算法没有使用网络的全局信息，包含的信息却比传统三步物质扩散算法的信息多[123]，在算法效率与准确性方面都有所提高。但由于该算法遵循能量守恒原理，系统稳态结果与节点度成正比，即度越大越容易被推荐连接，导致遗漏网络中具有潜力的小度节点，推荐结果会因缺乏多样性产生偏差，需要改进算法[128]。

（2）热传导算法。热传导算法（Heat Conduction algorithm，HC），是热的扩散算法，系统的总信息随着转移步数的增加而不断增加，不满足能量守恒原理[198]。与（1）类似，假设装配式建造技术扩散网络中目标企业（被推荐企业）为 i，将目标企业 i 连接的每个企业看作温度值为 1 的热源，而目标企业 i 未连接的其他企业温度值为 0，得到待推荐企业的初始温度向量 $\vec{f}$。热量首先从已连接企业端向目标企业端传导，传导结束后，目标企业 i 的温度等于所有连接企业的平均温度，于是得到目标企业端的温度向量。进而，热量从目标企业端向待推荐企业端传导，传导结束后，待推荐企业的温度等于所有产生连接的目标企业的平均温度，所有待推荐企业的最终温度向量设为 $\vec{f'}$。用状态转移方程 $\vec{f'} = M^{HC}\vec{f}$ 表示整个热量传导过程，状态转移矩阵 M^{HC} 的元素 $m_{\alpha\beta}^{HC}$ 为：

$$m_{\alpha\beta}^{HC} = \frac{1}{s_\beta} \sum_{i=1}^{n} \frac{w_{i\alpha}w_{i\beta}}{s_i}$$ (5-31)

式中　s_i——目标企业 i 的强度；

　　　s_β——待推荐企业 β 的强度；

　　　$w_{i\alpha}$、$w_{i\beta}$——扩散网络邻接矩阵的元素。

整个热传导过程结束后，根据最终温度向量的温度值将待推荐企业降序排列，选取目标企业 i 未连边的企业，完成新连接，产生新的合作关系。热传导算法存在的热源，能够保证系统中有足够的热量传递到"冷点"，最终导致系统的稳态结果是所有节点温度相同。因此，热传导算法可以将那些在局部随机游走算法中不被关注的小度企业推荐给目标企业，推荐结果具有良好的多样性，但由于目标不够集中，算法准确性欠佳[198]。

5.3.2.2　扩散网络内部重连的链路预测算法

（1）混合算法设计。局部随机游走算法遵从物质扩散的能量守恒，算法精度更高。而热传导算法是热量的扩散过程，能够"照顾"到网络中的小度节点，算法推荐多样性更好。将两种算法有机融合，可用于第二阶段装配式建造技术扩散网络内部重连的演化分析，为装配式建造企业提供多元化的潜在合作者选择，符合装配式建造技术扩散网络演化的研究情境。因此，参考无权网络的混合算法[198]，本书设计针对装配式建造技术扩散网络的链路预测混合算法（Hybrid LRW and HC），简称为HLH。

在装配式建造技术扩散网络的邻接矩阵 W 中，元素 w_{ij}（$w_{ij}>0$）表示节点 i 与节点 j 存在连边，且节点间连边权重为 w_{ij}，表示对应装配式建造企业之间装配式建造技术的扩散频次。$w_{ij}=0$ 表示节点 i 与节点 j 不存在连边，对应装配式建造企业之间没有发生过装配式建造技术的合作与扩散。假设目标企业（被推荐的目标企业，即新进入扩散网络的装配式建造企业）为 i，待推荐企业（新进入企业在网络中的潜在合作伙伴）为 α 和 β。假设混合算法的参数为 λ，用来调整局部随机游走算法和热传导算法的作用程度。设状态转移矩阵为 M^{HLH}，矩阵元素 $m_{\alpha\beta}^{HLH}$ 计算公式如下：

$$m_{\alpha\beta}^{HLH} = \frac{1}{s_\alpha^{1-\lambda}s_\beta^\lambda} \sum_{i=1}^{n} \frac{w_{i\alpha}w_{i\beta}}{s_i}$$ (5-32)

式中　s_i——目标企业 i 的强度；

　　　s_α——待推荐企业 α 的强度；

　　　s_β——待推荐企业 β 的强度；

　　　$w_{i\alpha}$——目标企业 i 与待推荐企业 α 的连边权重；

$w_{i\beta}$——目标企业 i 与待推荐企业 β 的连边权重。

该混合算法在 $\lambda=0$ 和 $\lambda=1$ 时分别退化为扩散网络的局部随机游走算法和热传导算法。本书设计的链路预测混合算法，实现局部随机游走算法和热传导算法的优势互补，并考虑加权网络的连边权重，相对于无权网络，对装配式建造技术扩散网络的演化预测描述更准确，现实解释力更强。

（2）算法评价指标。AUC 综合评价指标[71]对算法检验的基本原理为：将已知连边的集合 E 随机分为两部分，一部分为训练集 E^T，作为已知信息用来计算预测分值；另一部分为测试集 E^P，用于测试算法的预测准确性，该部分独立于训练集 E^T，不能用于预测分值。训练集 E^T 与测试集 E^P 满足 $E=E^T \cup E^P$ 且 $E^T \cap E^P=\varnothing$。AUC 是随机选择测试集 E^P 中的一条边，其计算得到的分值比随机选择的不存在连边（既不在训练集也不在测试集的连边）分值高的概率。AUC 的计算公式如下：

$$AUC = \frac{n' + 0.5n''}{n} \tag{5-33}$$

其中，n 表示连边权值的比较次数，n' 表示在 n 次比较中，随机地从 E^P 中选取连边的分值大于不存在连边分值的次数，n'' 表示在 n 次比较中，随机地从 E^P 中选取连边的分值等于不存在连边分值的次数。显然，如果随机产生分值，则 AUC=0.5。而 AUC>0.5，表明所设计的算法其综合性能良好，通过 HLH 算法预测的装配式建造技术扩散网络演化特征可靠性更高。

（3）算法参数确定。首先，在 Matlab2017a 平台编码生成一个无标度加权网络，满足节点数为 300，平均度为 3，连边权重随机设置。进而，将加权网络的初始数据集采用 10 折交叉检验划分为训练集 E^T 和测试集 E^P。设定转移步数为 20 时算法终止，输出 AUC 检验结果。

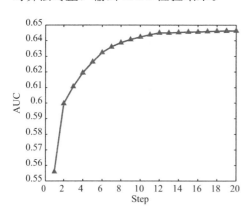

图 5-2　AUC 随资源转移步数演化图

HLH 算法性能 AUC 随转移步数的变化趋势如图 5-2 所示。可以看到，转移步数越多，AUC 越大，在转移步数达到 13 后，AUC 趋于稳定，并达到一个良好的算法性能数值（AUC>0.64）。因此，后续对装配式建造技术扩散网络进行演化仿真与实证分析时，选择 HLH 算法转移步数为 13 即可保证良好的算法性能，并能节省运行时间。

HLH 算法性能 AUC 随混合算法

参数 λ 的变化趋势如图 5-3 所示。参数 λ 越高，AUC 数值越大。当 $\lambda=0.4$，AUC 达到最大值，之后随着 λ 增大 AUC 数值减小。这与局部随机游走算法和热传导算法的原理有关。较小的 λ 值意味着混合算法中局部随机游走算法发挥作用更大，其使得混合算法准确性较高，但多样性较差。而较大的 λ 值表明混合算法中热传导算法占主导地位，算法准确性降低，但节点多样性得到改善。本书选择参数 λ 取值为 0.5，此时 $AUC \approx 0.65$，算法性能良好，能够保证预测结果的可靠性。

（4）算法可靠性检验。混合算法 HLH 的综合性能直接影响装配式建造技术扩散网络的演化分析准确性，在执行演化过程分析之前，需要检验算法的可靠性。具体检验过程为：将初始扩散网络划分为训练集网络和测试集网络，利用混合算法 HLH 计算训练集网络内节点对的相似度（该相似度不同于传统相似度指标，而是综合了 LRW 和 HC

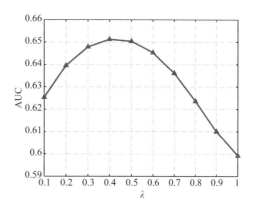

图 5-3 AUC 随混合算法参数 λ 演化图

性能的相似度，同时保证推荐结果的准确性与多样性），在测试集网络为每个节点推荐设定数量的未连边节点（即新加入装配式建造企业推荐可供选择的潜在合作者），计算 AUC，对节点推荐结果进行评价，得到 HLH 算法性能的检验结果。

考虑到初始网络为随机生成，为保证 HLH 算法的稳健性，需要进一步检验并排除网络规模对 AUC 的影响，结果如图 5-4 所示。

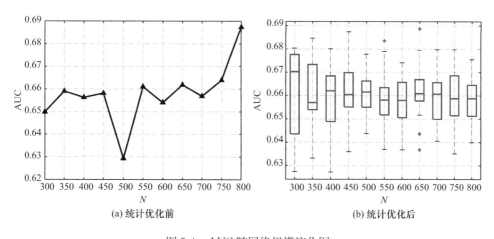

(a) 统计优化前　　　　　　　　　　　(b) 统计优化后

图 5-4 AUC 随网络规模演化图

由图 5-4(a) 可知，HLH 算法性能 AUC 随网络规模波动，且幅度较大，这与生成网络的随机性有关。本书通过统计学方法优化 HLH 算法运行，将相同网络规模下的 AUC 数值取 20 次平均值，得到优化后 HLH 算法性能 AUC 随网络规模变化箱形图如图 5-4(b) 所示，可以看到优化后的 HLH 算法，消除了网络规模随机性对算法性能的干扰。在初始状态后，AUC 数值逐步稳定在 AUC＝0.66 直线附近，表明优化后的 HLH 算法性能良好，且不被随机的网络规模扰动。经过上述处理，混合算法 HLH 在运行阶段得到进一步的统计优化，算法自身性能得到验证。

最后，为检验本书所设计的 HLH 算法的优良性，将局部随机游走算法、热传导算法及相似性指标计算方法（包括 WCN、WAA 和 WRA）与 HLH 算法的 AUC 性能进行对比，结果如图 5-5 所示。

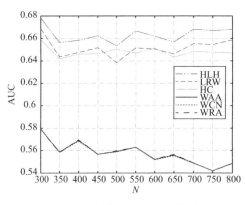

图 5-5　不同算法的综合性能对比

可以看到，HLH 算法的 AUC 水平最高，其次是 LRW 和 HC。WCN、WAA 和 WRA 相似性指标得到的 AUC 数值相近，虽然满足大于 0.5 的基本要求，但都处于较低水平，这与相似性指标的计算原理有关。相比相似性指标计算方法，局部随机游走算法和热传导算法都具有较高的 AUC 数值，且局部随机游走算法的 AUC 值要略高于热传导算法，这体现了链路预测算法对于相似性指标的改进，以及局部随机游走算法相对热传导算法在准确性方面的优势。而本书设计的混合算法 HLH 具有最高的 AUC 数值，在多种算法对比中表现了最佳的综合性能，其预测结果具有良好的可靠性。

5.4　装配式建造技术扩散网络演化模拟

5.4.1　扩散网络演化模拟分析流程

通过 5.3.1 节第一阶段改进 BBV 模型的理论解析及 5.3.2 节第二阶段链路预测混合算法 HLH 的多维度检验，本书构建的装配式建造技术扩散网络两阶段演化模型的合理性与可靠性得到验证，可以用于进一步的网络演化预测，具体分析流程如下。

首先，存在一个初始扩散网络，在 t 时刻，一家新企业选择扩散装配式建造技术并加入该网络，在考虑技术相关度及企业吸引力指标并限于装配式建造资源的基础上，择优选择网络内已有的装配式建造企业，建立新连接形成合作关系，网络节点数加 1，完成第一阶段网络规模增加的演化过程。进而，利用本书设计的链路预测混合算法 HLH，突破第一阶段择优规则而更多关注大企业的限制，在保证预测准确性的基础上提高企业合作关系的多样性，将第一阶段演化后的扩散网络进行企业间重连，网络规模不变，网络连通度增强，完成第二阶段的演化。第二阶段演化结束后，判断是否达到演化稳定状态（达到设定演化次数或者节点强度分布及节点度分布曲线收敛，认为演化趋于稳定），"否"则循环完成上述两阶段演化过程，"是"则终止演化并输出。装配式建造技术扩散网络的两阶段演化仿真分析过程如图 5-6 所示。

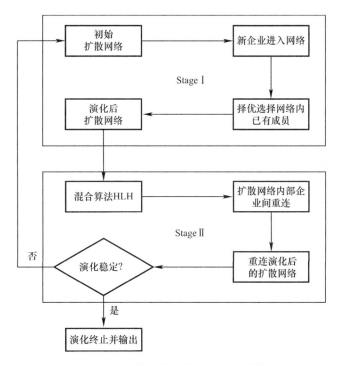

图 5-6　两阶段演化仿真分析流程图

5.4.2　新企业进入扩散网络的演化特征

5.4.2.1　网络演化模拟参数设计

通过 Matlab2017a 平台随机生成一个初始扩散网络，网络规模为 300，平均度为 3，连边权重为 1 到 10 之间的随机整数，节点强度阈值为 2000（近似认为节点强度无限制），假设该网络符合无标度特征。根据装配式建造业务内容，对扩散网络内每个节点都设定一个初始参数，并使得技术相关度指标满足标准正态分布。在初始扩散网络中新加入一个节点，通过技术相关度计算，在初始扩散网络中构成一个局域"世界"，按照改进 BBV 模型演化过程，对局域"世界"的节点择优选择，并检验节点强度与节点强度阈值的关系，调整连接策略，直至达到设定的网络规模停止演化，计算节点强度分布及节点度分布，输出节点强度分布曲线与节点度分布曲线，并绘制不同网络规模下的演化稳定状态。装配式建造技术扩散网络的第一阶段演化仿真分析流程如图 5-7 所示。

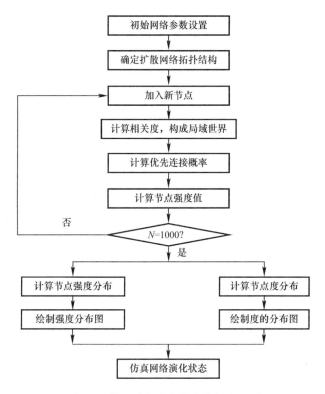

图 5-7　第一阶段演化仿真分析流程图

5.4.2.2　扩散网络演化特征

在初始扩散网络的参数设定下，节点强度阈值很大（$s_0 = 20000$），近似为不考虑节点强度限制，即装配式建造资源充分，能够应对不受限制的合作次数。此外，局域"世界"内为新节点推荐的节点数量为默认值（$m=1$），即装配式建造企业在新进入扩散网络时，同一时期只选择一家网络内的企业进行合作。当达到演化终止条件，即演化次数 $N=1000$，可得到第一阶段的装配式建造技术扩散网络演化特征，节点强度分布与节点度分布曲线如图 5-8 所示。

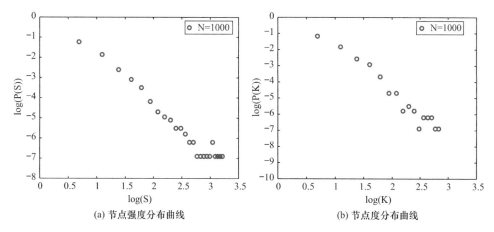

(a) 节点强度分布曲线　　　　　　　(b) 节点度分布曲线

图 5-8　第一阶段演化后扩散网络的节点强度分布与节点度分布曲线

由图 5-8 可知，演化后的扩散网络节点强度分布与节点度分布均符合幂律分布，表明第一阶段演化后的装配式建造技术扩散网络满足无标度特征，这与 5.3.1 节的理论分析结果一致。

为更直观呈现达到演化稳定状态的网络拓扑结构，本书设置不同的网络规模终止条件，分别为 $N=200$、500、800 和 1000，对应的网络拓扑结构如图 5-9 所示。

显然，随着时间推移，第一阶段演化后的装配式建造技术扩散网络越来越密集，表现出越来越显著的无标度特征。节点数量与连边数量逐渐增加，网络连通性愈加增强。这表明，在装配式建造企业资源充分且一次只选择一个合作者的前提下，第一阶段演化后的装配式建造技术扩散网络无标度特征明显，即存在少量占有更多合作关系或更多合作频次的核心企业。在此过程中，新加入扩散网络的

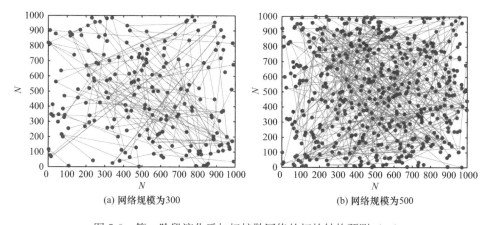

(a) 网络规模为300　　　　　　　(b) 网络规模为500

图 5-9　第一阶段演化后加权扩散网络的拓扑结构预测（一）

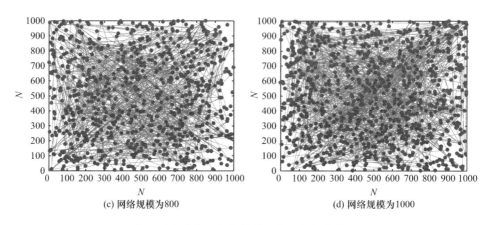

(c) 网络规模为800　　　　　　　　　(d) 网络规模为1000

图5-9　第一阶段演化后加权扩散网络的拓扑结构预测（二）

装配式建造企业通常会选择这些占据优势资源、综合实力较强的大企业，而忽视具有较高创新潜力的小企业，降低了潜在合作者选择的多样性，制约了装配式建造技术的扩散效果。

5.4.2.3　关键参数敏感性分析

关键参数对装配式建造技术扩散网络演化的影响分析，能够为政府部门提供具体可行的管理决策支持。技术相关度指标对网络演化的影响是通过已确定阈值实现的，企业吸引力指标 β_i 在网络演化过程中动态生成，都无法分析对网络演化敏感度。节点强度阈值（装配式建造资源上限）指标 s_0 在网络演化初始设定，对新节点在局域"世界"内对合作者的选择影响显著，是政府部门通过对装配式建造企业间资源配置调整扩散路径的关键切入点，需要进一步探讨。除上述3个关键指标外，择优连接节点数量 m，限制了新节点可以同时连接网络内已有节点的数量，反映的是新进入企业的资源上限，其对网络演化影响需要深入分析。因此，本书将对择优连接节点数量 m（即择优连接企业数量）及节点强度阈值 s_0（即装配式建造资源上限）两个参数执行敏感性分析。

（1）择优连接节点数量。其他参数保持不变，令择优连接的节点数量选取不同数值，即 $m=2$、5、8。通过调整扩散网络内允许与新加入节点发生连接的节点数量，可以得到不同择优连接节点数量 m 对于第一阶段扩散网络演化的影响。

当 $m=2$，第一阶段演化后扩散网络的节点强度分布与节点度分布曲线如图5-10所示，呈现明显的无标度特征。当 $m=5$，第一阶段演化后扩散网络的节点强度分布与节点度分布曲线如图5-11所示，无标度特征被弱化。当 $m=8$，第一阶段演化后扩散网络的节点强度分布与节点度分布曲线发生显著变化，如图5-12所示，无标度特征彻底消失。

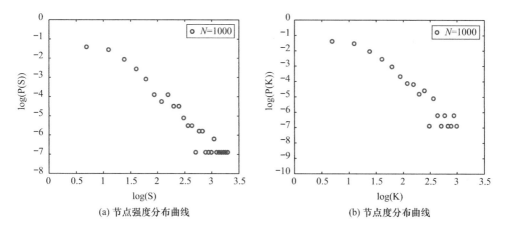

图 5-10　$m=2$ 时第一阶段演化后扩散网络的节点强度分布与节点度分布曲线

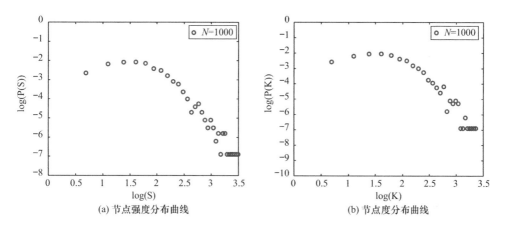

图 5-11　$m=5$ 时第一阶段演化后扩散网络的节点强度分布与节点度分布曲线

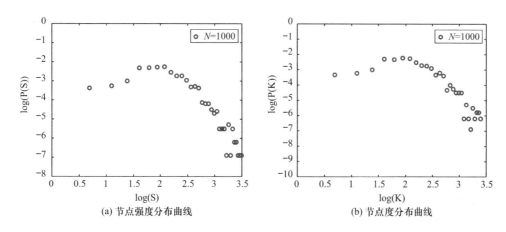

图 5-12　$m=8$ 时第一阶段演化后扩散网络的节点强度分布与节点度分布曲线

基于上述分析，择优连接节点数量 m 对第一阶段扩散网络演化的影响显著。当择优连接的节点数量较小（$m=2$），演化后的扩散网络符合无标度特征。随着 m 的增加，演化后扩散网络的无标度特征被削弱。当择优连接节点数量较大（$m=8$），演化后的扩散网络不再呈现无标度特征。择优连接节点数量越大，表明在已有扩散网络中允许越多的企业被新加入装配式建造企业连接，产生合作关系，这会显著增强网络连通性，网络内装配式建造企业的资源差距变小，原有核心企业的资源优势被弱化。进而，网络中大部分装配式建造企业的实力会逐渐趋于平均水平，只有极少数的装配式建造企业实力特别突出或者显著低下，有演变为正态分布的趋势。

政府部门可以借此发布适宜的政策，调控装配式建造技术扩散网络内的企业合作关系与模式，引导核心企业对边缘企业的带动，提升装配式建造技术扩散的效率和效果。

（2）节点强度阈值。其他参数保持不变，令节点强度阈值选取不同数值，即 $s_0=10$、20、500。通过调整已有节点与新加入节点连边数量的限制，可以得到不同强度阈值对于第一阶段扩散网络演化的影响，如图 5-13 所示。由图可知，在设定的不同节点强度阈值下，演化后扩散网络的节点强度分布及节点度分布呈现显著的差异，这表明节点强度阈值对扩散网络演化的影响显著。特别地，当节点强度阈值较大（$s_0 \geqslant 20$）时，演化后扩散网络的节点强度分布与节点度分布曲线无标度特征显著。因此，装配式建造企业的资源越充分，企业间合作次数的限制越小，新加入装配式建造企业可以通过择优概率直接选择适宜的合作者；当节点强度阈值较小（$10 \leqslant s_0 < 20$）时，演化后扩散网络的节点强度分布与节点度分布曲线较为平缓，无标度特征被削弱；当节点强度阈值特别小（$s_0 < 10$），即便已有节点可能在择优概率作用下被新加入节点选择，但会受限于节点强度阈值而不能发生实际连接。此时，该节点的邻居与新节点连接，也就是强度阈值特别小的节点的邻居最终能够被新节点选择，这会缩小扩散网络内节点之间强度值的差距，使得节点强度分布曲线变得更加平缓，直至无标度特征彻底消失。装配式建造资源有限性是对于装配式建造企业整体的项目建设机会以及人力、物力和财力的投入限制，资源上限越高，与其他企业建立合作的机会越多，获取超额利润的空间越大，进一步提高资源上限，从而形成企业实力不断增强和整体绩效持续增长的良性循环。反之，如果装配式建造资源上限较低，则会制约其与市场中其他企业的合作关系或合作强度，导致企业扩散装配式建造技术难度较大。

基于上述分析，政府部门有必要通过适当的政策干预，合理规划装配式建造资源的投入，并调控装配式建造企业之间的资源配置，优化装配式建造技术的扩散路径，同时避免行业内垄断的发生。

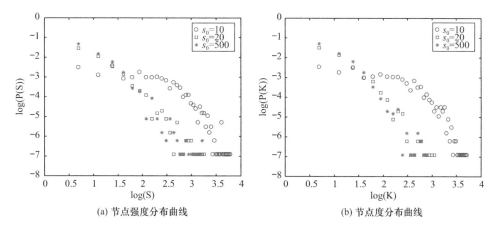

图 5-13   不同节点强度阈值下演化后扩散网络的节点强度分布与节点度分布曲线

5.4.3   企业在扩散网络内部重连的演化特征

5.4.3.1   网络内企业重连模拟参数设计

通过 Matlab2017a 平台随机生成一个初始扩散网络，网络规模为 300，平均度为 3，连边权重为 1 到 10 之间的随机整数，该网络符合无标度特征。HLH 算法转移步数取 13，混合参数 λ 取 0.5，按照状态转移公式（5-32），达到确定转移步数时，得到设定数量的推荐节点列表，选择排序最高的待推荐节点与新加入网络的目标节点建立连接，同样方法将网络内部全部节点作为目标节点与未连接过的其他节点发生一次重连，得到第二阶段演化后的扩散网络，输出节点强度分布与节点度分布曲线。第二阶段扩散网络演化达到稳定状态的节点强度分布与节点度分布曲线以及拓扑结构输出，即为两阶段完整演化过程的最终输出。装配式建造技术扩散网络的第二阶段演化仿真分析流程如图 5-14 所示。

5.4.3.2   扩散网络内企业重连特征

在第一阶段，新装配式建造企业择优选择网络内已有成员产生合作关系，进入扩散网络，完成第一阶段的演化。基于此，该新企业成为扩散网络内部的成员之一，进一步根据 HLH 算法规则，在网络内部进行多样化的合作者选择，同时网络内部其他企业也会重新建立合作关系，形成第二阶段的演化。扩散网络在第二阶段达到演化稳定状态后（转移步数达到设定值或者节点强度分布与节点度分布曲线收敛，认为网络已经演化稳定），得到第二阶段扩散网络的节点强度分布与节点度分布曲线，如图 5-15 所示，以及拓扑结构特征（图 5-16），即装配式建造技术扩散网络两阶段演化最终结果。

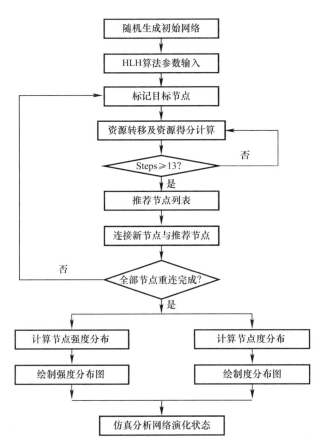

图 5-14　第二阶段演化仿真分析流程图

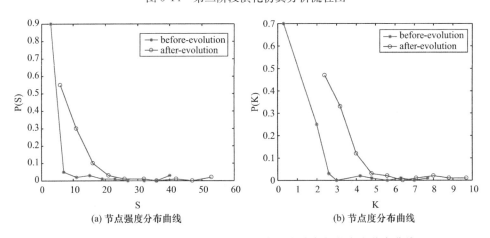

(a) 节点强度分布曲线　　　　　　(b) 节点度分布曲线

图 5-15　两阶段演化后扩散网络的节点强度分布与节点度分布曲线

由图 5-15 可以看到，两阶段演化最终达到稳定后，节点强度分布与节点度分布曲线的无标度特征都很显著，且演化后的曲线斜率比演化前平缓，这表明具

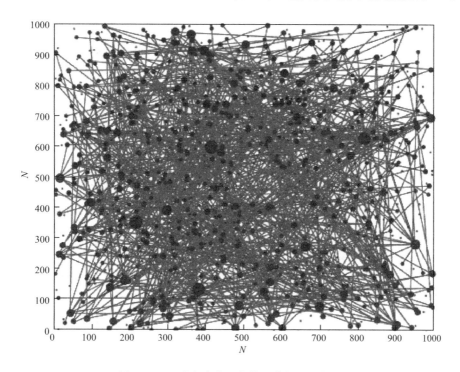

图 5-16   两阶段演化后扩散网络的拓扑结构

有较小强度值或较小度值的节点比例变小。在第二阶段扩散网络演化过程中，那些在第一阶段被忽略的实力或规模较小的装配式建造企业也受到新加入企业的关注，并成为其合作伙伴的备选，增强了潜在合作者推荐的多样性和装配式建造技术的扩散广度。随着第二阶段演化的深入，装配式建造企业扩散网络内部的企业之间合作关系愈加紧密，原有核心企业的资源优势被削弱，装配式建造企业之间的资源差距减小。但从图 5-16 两阶段演化后扩散网络的拓扑结构可知，网络中仍然存在少数资源优势显著处于核心地位的骨干企业。政府部门可根据分析结果调控装配式建造技术的扩散路径，引导核心企业带动其他企业扩散装配式建造技术，促进装配式建筑的发展。

5.5   装配式建造技术扩散网络演化的案例分析

5.5.1   案例数据选择

在装配式建造企业确定扩散技术并优化扩散决策后，需要在众多潜在合作者中选择最适宜的"人选"建立技术合作，产生实质性技术扩散。装配式建造企业通过持续发生的技术合作形成初始扩散网络，并在主体、客体与环境多重要素驱动下，实现装配式建造技术扩散网络的时空演化，最终达到演化稳定状态。

现阶段，长春市装配式建造企业数量较少，调研发现企业关于装配式建造技术的合作者也较为分散，尚未形成明显的复杂网络结构。但是，随着技术扩散的深入，长春市内的装配式建造企业通过技术合作关系逐步形成扩散网络后，将作为局部网络成为全国范围装配式技术扩散整体网络的一部分。根据复杂网络理论，演化成熟的局部网络与整体网络具有相同的拓扑性质[199]，在局部网络数据不充分、难以计算属性指标时，可以对整体网络进行演化特征的预测。多数长春市的装配式建造企业为全国布局，现实中企业间的技术合作通常会打破地域限制。将装配式建造技术扩散网络的演化分析拓展到全国范围对扩散网络的描述更准确，能够避免分析结果偏差。因此，本书按照从局部到整体的案例分析思路，验证从微观到宏观的理论研究结果，具体地，基于长春市装配式建造企业的扩散决策结果，从局部城市的装配式建造企业扩散决策分析，拓展到全国范围装配式建造技术扩散整体网络的演化研究，完成装配式建造技术扩散路径形成与网络演化的案例分析。

专利对创新技术具有代表性，是学者共识的技术创新重要产出[200]，已有很多技术创新研究直接基于专利数据[147]得到科学可靠的结论。专利数据通常为政府权威机构统计，数据公开可靠，且合作专利能够很好体现企业间跨地域的技术合作关系。因此，本书使用装配式建筑合作专利数据形成初始扩散网络，并在此基础上进一步分析扩散网络的演化过程与特征。

5.5.2 数据获取与描述性统计

5.5.2.1 专利数据获取

数据来源为国家知识产权局官方网站（http://www.cnipa.gov.cn/），在专利审查信息查询板块，调用高级检索功能，具体的数据获取步骤总结如下：

（1）设置取数区间为 2009/01/01 至 2018/12/31（专利公开日），这是中国装配式建筑快速发展的十年，数据具有代表性。

（2）关键词设置为"工业化建筑/建筑工业化""产业化建筑""预制建筑""装配式建筑""模块化建筑""住宅工业化/住宅产业化"及"工业化住宅/产业化住宅"，通过编辑检索式，得到 3830 项专利数据（包括专利申请人为个人、单个企业及多个企业的所有情况）。

（3）过滤掉专利申请人为个人的相关数据，仅保留申请人为装配式建造企业的专利数据。筑友智造科技集团有限公司的专利授权数量最多，为 82 项。

（4）进一步筛选，保留两个及以上企业申请人的合作专利数据，得到最终284项有效专利条目。本次数据统计不包括中国境内的香港、澳门和台湾地区。

5.5.2.2　描述性统计分析

（1）合作专利变化趋势。将2009～2018年十年间的合作专利数据进行变动趋势分析，如图5-17所示。可以看到，从2009年到2015年，企业间装配式建筑合作专利的数量增长缓慢，并在2015年呈现短暂和小幅度的下降。但从2015年以后，装配式建筑合作专利的数量开始快速增长，尤其2016年后，装配式建筑合作专利数量倍增。这表明，我国装配式建造技术创新能力与水平已经实现较大提升，装配式建造技术受到企业越来越多的重视，企业间合作关系加强，伴随专利合作产生的装配式建造技术扩散逐步深入，具备形成装配式建造技术扩散网络的条件。

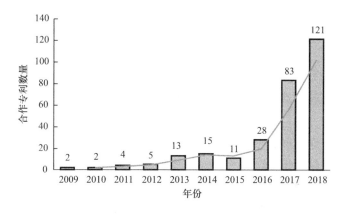

图5-17　装配式建筑合作专利数量的变化趋势

（2）合作专利企业分布。基于284项有效专利条目，提取219家装配式建造企业，对其进行梳理统计。企业类型方面，装配式建筑合作专利中有限责任公司占比最大，该形式一般适用于中小型非股份制公司，表明中小企业对于装配式建造技术合作的需求更大。主营业务方面，具备施工安装能力的企业专利产出更多，这与其丰富的工程现场经验有关，对装配式建造技术实施敏感度较高，技术创新能力强。成立年限方面，10～30年企业专利产出占比最大，50年以上企业专利产出占比最小，表明装配式建筑专利产出既需要基于一定的工程经验，同时需要活力新鲜的与时俱进思维。分布范围方面，华东地区专利产出占比最高，西北与东北地区专利产出最少，主要源于经济发达区域装配式建造企业数量更多，相互合作产出专利的机会更大。装配式建造技术具有高度集成性与协同性特征，而合作专利在一定程度上能够体现装配式建造企业间的协同程度。拥有合作企业以及合作专利数量越多，表明所在地区装配式建造技术创新水平越高，也体现了装配式建造企业对协同创新的需求与关注度更高，该特征有利于该地区住宅产业化基地和装配式建筑基地发挥辐射和示范作用。

5.5.3 装配式建造技术扩散路径形成与网络演化特征

5.5.3.1 扩散网络两阶段演化分析流程

将219家装配式建造企业依次编码，用数字 1～219 标注，表示 NO.1～NO.219。为了清晰揭示两阶段演化机理，本节详细阐述初始扩散网络依次经过两个阶段的完整演化过程及合作者选择结果。

首先，第一阶段进入一个新企业，标记为新节点 n，根据改进BBV模型，完成网络规模增加1的演化，输出节点强度分布与节点度分布曲线，绘制网络演化拓扑形态。进而，基于第一阶段演化后的网络，实现第二阶段的 220 个节点重连，完成网络连通性增强的演化，输出节点强度分布与节点度分布曲线，绘制网络演化拓扑形态，标注新企业在两个阶段对合作伙伴的选择结果。最后，完整循环两阶段演化模型两次，示意装配式建造企业择优选择合作者而形成的技术扩散路径，输出相应的节点强度分布与节点度分布曲线。

5.5.3.2 初始扩散网络形成

将得到的合作专利数据转化为邻接矩阵，并导入 UCINET 6 可视化软件，输出初始扩散网络拓扑图形，并按度区分节点大小，如图 5-18 所示。

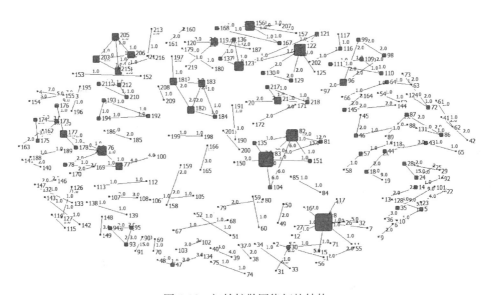

图 5-18　初始扩散网络拓扑结构

初始扩散网络的节点总数为219，连边数量为164。图中 8 号节点为初始扩散网络中强度和度都最大的核心装配式建造企业——长沙远大住宅工业集团股份有限公司（简称"远大住工"）。远大住工是中国装配式建筑行业中首家完整运用全流程数字信息化体系的装配式建筑生产设备企业，也是行业内首家拥有专属知识产权的全产业链技术体系的企业，提供全球化、规模化、专业化及智能化装配式建筑制造与服务，是中国最大的装配式建筑构件制造商和装配式建筑生产设备制造商，也是住宅产业化基地和装配式建筑基地之一。通过合作专利数据形成初始扩散网络，识别出远大住工为当前网络状态下的核心企业，与现实吻合，进一步验证了采用专利数据进行装配式建造技术扩散网络分析的合理性。

通过初始扩散网络拓扑结构发现，多数装配式建造企业度为1，缺乏与更多企业的连接。通过 Gephi 软件计算，网络弱连通分量 79 个，占节点总数的 36%，表明初始扩散网络的整体连通度较低，装配式建造技术在网络中的扩散效率较低。同时，从图 5-18 可以看到，初始扩散网络中多数节点只有一个连边，即度为1 的节点较多，表明企业间合作关系单一，合作对象较为局限，网络处于无序状态，网络治理效率低，不利于通过企业间协同关系产生更大的综合效益。但网络内节点间存在巨大的重连机会，即初始扩散网络内的装配式建造企业一方面吸引网络外的新企业，同时也会与网络内已有成员建立新合作关系，扩散网络处于发展与演化的活跃阶段。

通过 Gephi 可视化软件计算得到节点平均度为 1.498，节点度分布曲线如图 5-19 所示。节点平均加权度为 3.461，节点平均加权度分布曲线如图 5-20 所示。

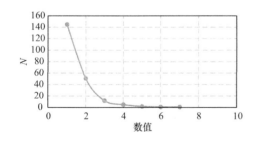

图 5-19　初始扩散网络的节点度分布曲线

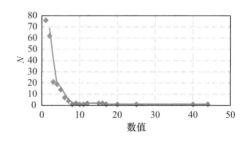

图 5-20　初始扩散网络的节点平均加权度分布曲线

可以看到，初始扩散网络的节点度分布及节点加权度分布曲线都符合幂律分布，满足无标度特征，即初始扩散网络是一个连通度较低的无标度网络，现阶段网络中的核心企业是远大住工。

5.5.3.3　扩散网络两阶段演化结果分析

（1）第一阶段演化分析。假设某装配式建造企业（主营施工安装业务）计划进入初始扩散网络，根据其装配式建筑业务内容，确定其技术相关度参数 h 值为 0.3。将初始扩散网络导入第一阶段的演化模型中，执行 5.3.1.3 节的演化步骤，通过 Matlab2017a 软件编程，得到经过第一阶段演化后的扩散网络。此时扩散网络节点数增加 1，连通度相应提高。基于演化得到的扩散网络邻接矩阵，采用 UCINET 6 软件输出网络拓扑结构，如图 5-21 所示。

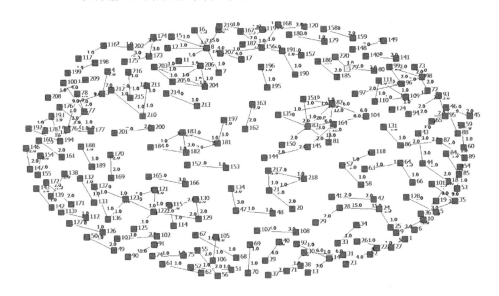

图 5-21　第一阶段演化后的扩散网络拓扑结构

可以看到，对新进入扩散网络的 220 号装配式建造企业，经过 5.3.1.3 节提出的节点择优机制，在扩散网络内潜在的合作伙伴中，择优选择 79 号装配式建造企业（其装配式建造业务范围参数 h 值为 0.7）建立合作关系，并产生新连接，完成第一阶段演化。此时，网络内节点数量增加 1，且只有 79 号装配式建造企业对应节点的强度和度分别加 1，其余企业合作（节点连接）状态未发生改变，网络内核心企业分布不变。根据企业编码表，可知 79 号装配式建造企业为浙江中南建设集团钢结构有限公司（简称"中南钢构"），成立于 2000 年 10 月，为国家高新技术企业、杭州市新型建筑工业化生产基地，以建筑施工安装及装饰装修为主，兼具建材研发与销售业务。中南钢构业务范畴较为集中，参数 h 值相对较高，但经计算的技术相关度指标为 2.5，仍能满足技术相关性阈值要求，并且中南钢构综合实力强劲，具有较高的企业吸引力。鉴于新进入的装配式建造企业对网络内企业情况了解较少，为规避风险，一次只选择一个合作者，此时，中南钢构是 220 号企业当前最理想的技术合作伙伴。

（2）第二阶段演化分析。第一阶段演化完成后，初始扩散网络的节点总数增加 1，网络规模增大，网络连通度变化不大。第一阶段演化后的网络输出，即为第二阶段网络演化的输入，按照 5.3.2.2 节的网络内部的节点重连原理，通过 Matlab2017a 编程运行，执行第二阶段的 HLH 混合算法，得到第二阶段演化后的扩散网络，如图 5-22 所示。可以看到，扩散网络规模不变，内部节点全部重连一次，整个网络连通度大幅提高，但扩散网络核心企业仍然为 8 号远大住工。

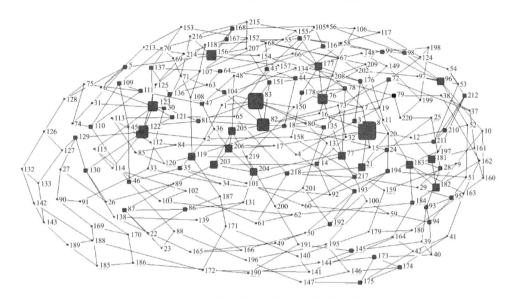

图 5-22　第二阶段演化后的扩散网络拓扑结构

第二阶段演化后网络的节点强度分布曲线与节点度分布曲线，如图 5-23 所示，仍然符合幂律分布，满足无标度特征。但相对演化前的曲线变得平缓，表明节点间强度值及节点度值的差距缩小。

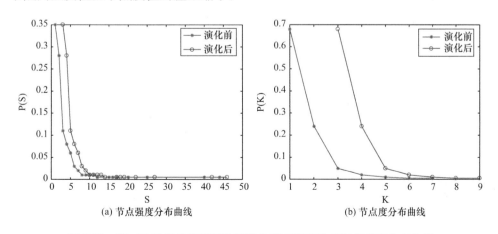

(a) 节点强度分布曲线　　　　　(b) 节点度分布曲线

图 5-23　第二阶段演化前后扩散网络的节点强度分布与节点度分布曲线

进一步分析第二阶段演化中，220 号新企业的合作伙伴选择以及网络内其他企业建立新合作关系的结果，如图 5-24 所示。

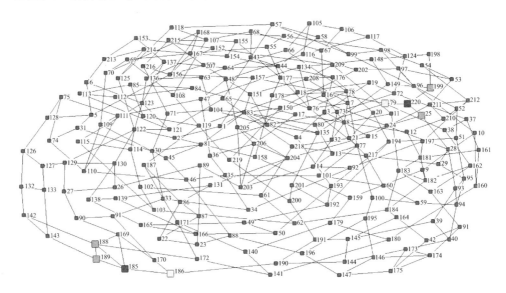

图 5-24　装配式建造企业的最佳合作者选择

在图 5-24 中，79 号企业是在第一阶段推荐给新进入网络的 220 号企业合作的最适宜选择。25 号及 199 号企业是在第二阶段择优推荐给 220 号企业的潜在合作者。根据企业编码表，25 号企业为涡阳县盛鸿科技有限公司，主要从事新型建筑材料的研发与生产，199 号企业为中国建筑第五工程局有限公司，拥有强大的装配式建造施工安装实力。尽管当前这些企业没有达到非常可观的实力规模，但能够提供装配式建造顺利实施不可或缺的材料或技术服务，通过与这些企业的合作，能够提高新企业的供应链协同水平及整体装配式建造能力。

在新企业选择潜在合作者的过程中，网络内其他已有成员也全部发生一次重连。在图 5-24 中，以 185 号企业（江苏南通三建集团股份有限公司）为例，在初始扩散网络中，其仅与 186 号企业（康博达节能科技有限公司）存在合作关系，由于其装配式建造业务以施工安装与装饰装修为主，技术相关度指标不占优势，企业吸引力在初始网络中亦不突出，在第一阶段没有被 220 号新企业选择。但在第二阶段演化中，185 号企业基于信任、“朋友”推荐以及一定了解后，与网络内已有的 188 号企业（广东省建筑机械厂有限公司）及 189 号企业（广东省建筑工程集团有限公司）发生合作，产生新连接。185 号企业为大型施工安装与装饰装修企业，而 188 号企业为建筑工程机械供应企业，189 号企业提供建筑工程施工相关服务，在各自领域技术创新能力较强，185 号企业在第二阶段演化中选择

188 号和 189 号企业合作具有合理性。

5.5.3.4 技术扩散路径与网络演化特征预测

初始扩散网络内不断有新企业进入，持续发生装配式建造企业对于潜在合作者的择优选择，逐渐涌现形成装配式建造技术扩散的路径。基于上述分析，本书从 220 号新企业进入初始扩散网络开始，执行 n 次两阶段演化模型，预测新企业与网络内已有成员在合作者选择过程中形成的扩散路径。为拓扑结构显示清晰，仅执行 2 次（$n=2$）两阶段演化全过程，且以新企业连接的部分企业为例，刻画装配式建造技术扩散路径示意图，如图 5-25 所示。

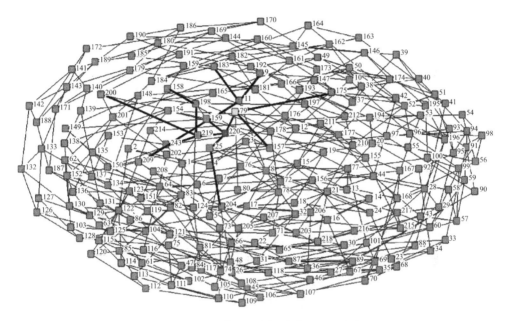

图 5-25 装配式建造技术扩散路径预测示意图

由图 5-25 可知，220 号新企业在刚进入扩散网络时，选择 79 号企业，首轮演化的第二阶段选择 25 号企业和 199 号企业。第二轮 221 号新企业进入时，220号企业没有被新选择，在该轮的第二阶段演化中，220 号企业选择 219 号企业合作。同理分析网络内其他企业对合作者的择优选择，并形成两次演化循环的技术扩散路径，对应连边加粗显示。由图 5-25 发现，在装配式建造企业扩散决策与合作者择优选择过程中，装配式建造技术扩散表现为网络式扩散。由于装配式建造企业对潜在合作者的选择遵循择优连接机制，两阶段演化形成的扩散路径即为当前最优路径，扩散效果良好。

与上述扩散路径形成分析对应，仅执行 2 次（即 $n=2$）两阶段演化全过程，装配式建造技术扩散网络的节点强度分布曲线与节点度分布曲线如图5-26所示，两次循环后曲线变得更加平缓，企业间资源差距缩小，市场逐渐成熟，但仍符合幂律分布，满足无标度特征。

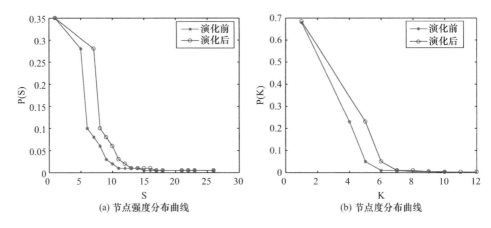

(a) 节点强度分布曲线　　　　　　　(b) 节点度分布曲线

图 5-26　二次循环后扩散网络节点强度分布与节点度分布曲线

5.6　本章小结

　　本章基于持续发生的扩散主体决策，结合企业间交互、政策干预、网络权力与技术通用性4个核心驱动要素，构建包含两个子模型（改进BBV模型和链路预测混合算法HLH）的装配式建造技术扩散网络两阶段演化模型，分析装配式建造技术扩散网络在不同阶段的演化特征与内在机制。研究发现，装配式建造企业刚进入扩散网络的第一阶段，倾向于选择实力较强的大型企业，有效降低技术采纳风险，但不利于发展多样性合作关系和扩散广度，网络演化呈现无标度特征。在新企业进入扩散网络一段时间后，装配式建造能力提升，不再单纯关注大型企业，而会基于熟悉、信任或"朋友"推荐而选择特定领域创新能力较强的中小企业合作。潜在合作伙伴的选择多样性增强，扩大了技术扩散的广度和深度，网络演化仍符合无标度特征，但节点强度分布曲线与节点度分布曲线相对演化前变得平缓，企业间资源差距缩小。

　　通过本章的全面分析，剖析了装配式建造技术扩散网络的两阶段演化机制，验证了装配式建造技术扩散效率低且协同要求高的特征，一定程度上解决了装配式建造技术扩散难度大的现状，回答了装配式建造技术扩散网络演化特征是什么的研究问题。

第**6**章

装配式建造技术扩散的治理策略

本章基于装配式建造技术扩散机制的理论研究与实践检验，进一步探索装配式建造技术扩散的治理策略，提出装配式建造技术扩散绩效提升的措施建议，明确装配式建造技术扩散机制的运行，以持续优化装配式建造技术扩散系统性能，将研究成果落地。

6.1 装配式建造技术扩散治理的措施建议

6.1.1 企业管理优化措施

良好的企业间交互和较高的网络权力在第 3 章被证实能够提升企业自身扩散绩效，第 4 章主体扩散决策和第 5 章扩散网络演化分析表明，企业间交互和网络权力还能够进一步提升行业整体扩散绩效，可用于向企业提出扩散决策及合作者选择的合理建议。技术通用性在第 3 章被识别为装配式建造技术扩散核心驱动要素后，在第 4、5 章分别反映出对企业扩散决策及被其他企业选择为合作者的显著影响，可用于调整技术扩散路径。此外，网络权力和政策干预对企业间交互与扩散绩效间关系发挥中介作用，骨干企业通常拥有良好的企业间协同关系和较高的网络权力，这意味着骨干企业可以协助政府制定监管政策，通过政策干预进一步提升扩散绩效，形成企业网络权力增加、政策制定合理与扩散绩效持续提升的良性循环。在上述理论支撑下，本书分别向装配式建造一般企业及装配式建造骨干企业提供针对性的企业管理和扩散决策措施。

（1）提高企业网络权力，加强企业间协同关系，推动业务多元化。装配式建造企业需要通过技术人才引进、专业化培训及对技术研发资源的倾斜等方式，提高企业技术创新能力（如专利产出），增加其在行业内的吸引力，提高其在装配式建筑行业中的网络权力。当前阶段，装配式建筑发展尚不成熟，对大部分企业而言，独立研发和推广装配式建造技术是困难的，装配式建造企业需要与其他装配式建造企业建立良好的协同关系，通过资源共享与技术合作产生更大的合力，降低技术与资金风险，既能够扩大装配式建造企业各自的网络权力，又有利于形成健康有序的市场环境，加速装配式建造技术扩散，提升技术扩散整体绩效。在当前装配式建筑市场机制不完善的情况下，企业间资源竞争与信息封闭是最不可取的行为。此外，装配式建造企业需顺应建筑业供给侧结构性改革需求，推动经营业务多元化，在资源具备的条件下拓宽装配式建造业务范围，一方面增加与其他企业技术合作的机会，加强企业装配式建造能力，进一步扩大网络权力，持续提升技术扩散绩效，另一方面也利于通用技术体系的建立。

（2）多样化择优选择合作企业，优化技术扩散路径。当前阶段，装配式建筑规模经济尚未实现，装配式建造平均成本高于传统建造形式，存在一定的技术采纳风险。因此，装配式建造企业在做出装配式建造技术的扩散决策后，对合作伙伴的选择很关键，尤其是初步决策采纳装配式建造技术的新企业。基于装配式建造技术扩散网络两阶段演化模型的理论支持，装配式建造企业既选择网络权力较高的龙头企业，也关注在特定领域技术创新能力较强的中小企业。在企业进入扩散网络的不同时期，按照相应的择优规则，多样化选择最适宜的合作伙伴。对装配式建造企业自身而言，在不同阶段做出装配式建造技术的合理扩散策略，能够降低技术采纳风险与建造成本，并提高装配式建造能力。每个装配式建造企业都做出最适宜的合作者选择而发生技术扩散，能够优化装配式建造技术扩散路径，有助于扩散网络的有序进化，提高装配式建筑行业整体扩散绩效。

（3）骨干企业协助政府制定政策标准，发挥示范与辐射作用。装配式建造企业本质是利润驱动，政府则追求社会整体效益最大，短期内二者存在利益冲突，但长远来看，建筑行业转型升级与综合效益可持续的目标一致。因此，装配式建造企业需顺应国家顶层建设导向，在技术研发、技术扩散、供应链协同及人才培育等诸多方面支持装配式建筑的推广。实力雄厚的装配式建筑骨干企业，应充分发挥企业社会责任，主动参与协助装配式建筑通用技术体系、结构体系与标准体系的建立，配合政府部门制定更规范、更完善的技术标准与更有效、更合理的监管政策，而非过于关注或依赖政府各项补贴。装配式建筑骨干企业对政府部门的配合支持，有助于及时掌握政策导向，接近行业发展前沿和优势资源，在项目获取与市场竞争中占取先机，进一步提升技术扩散绩效。此外，装配式建筑骨干企业网络权力较高，行业影响力较大，应积极成立国家或省市级住宅产业化基地与装配式建筑产业基地，发挥示范与辐射作用，带动更多的建筑企业扩散装配式建造技术，加速装配式建筑市场的完善与成熟。一方面基地内企业间强化协同关系，提升整体装配式建造水平和技术创新能力，另一方面基地间的资源共享，能够加强装配式建造技术的通用性，促使先进技术大范围扩散和规模经济的实现，降低装配式建造成本。装配式建筑骨干企业还可以建立行业协会或不同形式的信息交流平台，为其他装配式建造企业提供培训指导服务，或协助更多企业建立技术合作关系，扩大自身网络权力、提升潜在经济效益的同时，有利于整个行业装配式建造企业获取可持续增长的综合效益。

6.1.2 政策监管优化措施

政策干预在第 3 章被识别为装配式建造技术扩散的核心驱动要素，且由第 4 章主体决策过程及对应的案例分析发现，三种监管形式（包括直接补贴、间接补贴和装配率指标要求）对企业扩散决策影响都很显著，并存在拐点数值，实现装配式建造企业经济效益最大与政府部门监管成本最小的"双赢"状态。此结论符合当前装配式建筑发展现状，装配式建造技术扩散尚未实现完全市场化，政策干预力度大但监管不完善，需要政府部门调整政策监管内容并优化政策配置，提升企业扩散绩效，同时最大化社会整体效益。由第 5 章扩散网络演化及对应的案例分析发现，政策干预可用于影响企业对潜在合作者的选择，通过调整装配式建造资源上限和企业间资源分配，优化技术扩散路径，提升行业整体扩散绩效。特别地，政策干预对企业间交互与扩散绩效关系中发挥中介作用，这意味着政府部门可以利用骨干企业良好的企业间交互关系及较高的社会影响力，实现对其他企业的示范和带动。此外，通过第 4 章主体决策优化分析可知，除装配式建造技术扩散的核心驱动要素外，装配式建筑相关的碳交易制度等配套服务也不可忽视。在上述理论依据支撑下，本书向政府部门提出针对装配式建筑一般企业、装配式建筑骨干企业及相关配套服务的具体监管政策建议。

（1）弱化直接财政补贴，加强间接补贴力度，监督政策落实效果。直接财政补贴对企业采纳装配式建造技术有促进作用，但在直接补贴金额较低时，相对高昂的装配式建造成本，效果并不显著，企业仍会选择传统建造技术，而过高的直接补贴会加剧政府财政负担，影响财政资源整体配置，并不是当前最有效的手段，因此，政府部门可适当弱化直接财政补贴，在经济不发达地区也可取消。间接补贴形式丰富，是最具有建筑领域特色的政策形式，包括土地支持、提前预售、投标倾斜、面积奖励等，这些间接补贴不会为企业带来直观收入，但却能大幅降低资金占用，减少利息支出，并增加潜在收益，使得装配式建造企业对政策扶持的感知度更强。因此，政府部门可以结合地区特点充分发挥间接补贴作用，不会造成较高的财政支出，相对直接补贴，更容易鼓励企业主动采纳装配式建造技术。同时，政府部门应成立专门机构监督各项监管政策的落实效果，严格监管享受政策补贴企业的装配式建造执行情况，对于失信严重的装配式建造企业通报批评，计入企业征信系统，并在未来建设用地、招标投标、施工审批等多个环节限制性通过，避免财政资源与社会资源浪费，保证装配式建筑发展目标的实现。

（2）优化企业间资源配置，调节企业间协同关系。扩散网络内所有企业共用的装配式建造资源是有限的，并直接影响装配式建造技术扩散的演化状态。政府部门应注意引导装配式建造企业之间的资源配置，比如对研发能力较强的高新技术企业或建筑新能源、新材料企业，提供一定的科研津贴支持或者科研人才培育，一方面使其拥有充足的装配式建造技术创新资源，产出更多优质的创新技术成果，另一方面缩小装配式建造企业之间的资源差距，防止个别企业资源垄断而损害正常的市场秩序。此外，政府部门还可以通过行政手段调节装配式建造企业之间的协同关系，比如对于某些政府投资或功能区块较多的项目，强制要求多家装配式建造企业合作开发建设等，不断优化装配式建造技术的扩散路径，促进行业整体效益的可持续增长。

（3）引导骨干企业发挥示范作用，鼓励企业参与技术标准制定。装配式建筑骨干企业网络权力较大，在行业内拥有较高的话语权和影响力，并显著驱动技术扩散绩效。因此，政府部门应充分引导装配式建筑骨干企业成为行业标杆，鼓励其申请为国家或省市级住宅产业化基地和装配式建筑产业基地，带动追随企业或辐射范围内的其他企业加速扩散装配式建造技术，发挥供应链协同的合力作用，提升行业整体的装配式建造技术能力。此外，应鼓励装配式建造骨干企业协助建设管理部门形成装配式建造技术规范和标准，加强科技成果转化、共享与扩散，促进装配式建造通用技术体系、结构体系和标准体系的建立，使得技术不断成熟、体系逐渐完善，由点及面，推动装配式建造技术全面扩散。

（4）完善装配式建造相关配套制度，提高全民低碳意识。政府部门需完善所在地区的碳排放交易制度，搭建通畅的碳交易平台，形成本地成熟的碳交易所，方便装配式建造企业的碳交易，刺激企业选择节能环保的装配式建造技术。同时，政府部门可适当提高建筑垃圾清运及处理费用，"迫使"企业选择装配式建造方式，减少建筑垃圾排放。此外，政府部门应积极营造全民绿色环保氛围，适当在装配式建筑产品公积金贷款方面予以补贴，加强公众对低碳建造的装配式建筑的感知与认可，从而在消费者接受范围内适当提高装配式建筑产品售价，提高企业扩散装配式建造技术的主动性。政府部门通过对装配式建造企业直接的政策监管，扶持装配式建造企业提高经济效益，同时保障相关配套服务，并营造全社会低碳氛围，实现装配式建筑可持续发展的政策目标。

6.2 装配式建造技术扩散机制的运行

结合装配式建造技术及其扩散特征，根据装配式建造技术扩散机制内涵，明确装配式建造技术扩散机制的驱动要素、主体决策及网络演化3个核心构成。识别装配式建造技术扩散核心驱动要素后，从微观到宏观深入开展主体决策过程与扩散网络演化的理论研究，并从局部到整体完成对应的案例分析，验证所提出的理论与方法，在理论与实践两方面，深入揭示装配式建造技术扩散机制各构成部分的运行机理及环环相扣的交互关系；并基于此，分别面向装配式建造企业与政府部门提出扩散绩效提升措施的建议，以优化装配式建造技术扩散系统性能，明确装配式建造技术扩散机制的运行。具体运行方式如图6-1所示。

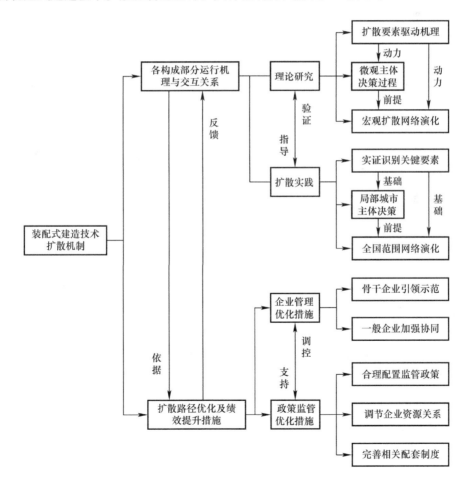

图 6-1　装配式建造技术扩散机制运行方式

（1）从理论层面，明确装配式建造技术扩散机制各构成部分运行机理与交互关系。装配式建造技术扩散机制包括要素驱动、主体决策及网络演化3个核心内容，分别通过实证研究、博弈论方法与复杂网络分析方法，揭示各构成部分的运行机理。扩散要素驱动机制为微观主体决策过程及宏观扩散网络演化提供动力，同时，持续发生的微观主体决策是宏观网络演化的前提，3个核心构成部分具有逐层深入、环环相扣的交互关系。

（2）从实践层面，验证装配式建造技术扩散机制各构成部分运行机理与交互关系。在（1）理论研究指导下，采用实证分析方法识别核心驱动要素，进一步通过从局部到整体的案例分析，验证从微观到宏观的主体决策及网络演化结果。实证识别的核心驱动要素是局部城市主体决策与全国范围网络演化的基础，同时，局部城市主体决策是全国范围网络演化的前提，3个核心构成部分逐层深入的交互关系与理论研究相符。

（3）基于理论论证与实践验证的各部分运行机理与交互关系，提出扩散路径优化与扩散绩效提升的措施建议。（1）理论和（2）实践两方面的运行机理与交互关系分析，验证了装配式建造技术及其扩散特征，并面向装配式建造企业与政府部门提出扩散绩效提升措施的具体建议，解决装配式建造技术扩散效率低且难度大、政策监管不完善等现实问题。

（4）将（3）管理优化措施反馈至装配式建造技术扩散机制的各构成部分，调整更新各部分运行机理及交互关系，作为进一步提升扩散绩效的依据，从而持续优化装配式建造技术扩散系统性能。

6.3 本章小结

本章基于装配式建造技术扩散机制的理论研究与案例分析结果，面向装配式建造企业和政府部门，分别提出了装配式建造技术扩散治理的具体建议，并在完整的装配式建造技术扩散机制与治理策略研究后，明确了装配式建造技术扩散机制的运行，为装配式建造技术扩散系统性能的持续优化提供科学依据。

附录 装配式建造技术扩散驱动要素调查问卷

尊敬的先生/女士：

您好！非常感谢您在百忙之中参与和帮助我们的研究。

发展装配式建筑是建造方式的重要变革，是建筑业可持续发展的前瞻性规划。近年来，从中央到地方关于发展装配式建筑的政策相继出台，但装配式建造技术扩散效率低，装配式建筑通用技术体系尚未建立，导致装配式建造成本偏高，装配式建筑推广效果不佳。基于此背景，本研究拟对装配式建造技术扩散的驱动要素展开调研，挖掘驱动企业采纳装配式建造技术的核心要素，以提高装配式建造技术扩散整体绩效，促进装配式建筑发展。

本问卷实行匿名制，所有数据只用于统计分析，无关任何商业用途，保证不会泄露贵企业及您个人的相关信息，请您放心填写。

再次衷心感谢各位专家的参与和帮助！

企业名称：

企业所在城市：

一、基本信息

1. 您是否参与过装配式建筑项目？

A. 参与过　　　　　B. 正在参与　　　　　C. 未参与过

2. 您的职务？

A. 高层管理人员　　B. 中层管理人员　　　C. 技术人员

D. 研发人员　　　　E. 其他

3. 贵企业成立年限？

A. 0～1 年　　　　　B. 1～3 年　　　　　C. 3～5 年

D. 5～10 年　　　　E. 10 年以上

4. 贵企业从事装配式建筑年限？

A. 0～1 年　　　　　B. 1～3 年　　　　　C. 3～5 年

D. 5～10 年　　　　E. 10 年以上

5. 贵企业性质？

A. 外资企业　　　　B. 合资企业　　　　　C. 国有企业　　　　D. 私营企业

6. 贵企业类型?

A. 开发企业　　　　B. 施工企业　　　　C. 构件生产企业

D. 工程咨询企业　　E. 其他

7. 贵企业规模?

A. 50 人以下　　　B. 50～100 人　　　C. 100～200 人

D. 200～500 人　　E. 500 人以上

二、调查问卷表

以下题项中，从 1 到 5 代表您对题项内容的同意程度，可在对应位置中用 "√" 标注您的选择。其中，1 代表非常不同意，2 代表比较不同意，3 代表中立，4 代表比较同意，5 代表非常同意。

调查问卷表

表 1

题项/打分	1	2	3	4	5
1. 技术采纳效益					
贵企业采纳装配式建造技术会增加企业经济效益					
贵企业采纳装配式建造技术会实现企业低碳建造					
贵企业采纳装配式建造技术会提升企业社会影响力					
2. 装配式建造技术特征					
技术复杂度低促使企业采纳装配式建造技术					
技术通用性高促使企业采纳装配式建造技术					
技术成本低促使企业采纳装配式建造技术					
3. 装配式建造企业特征					
贵企业所拥有的装配式建造技术是难以模仿的					
贵企业放弃某项装配式建造技术会对相关企业带来不利影响					
与其他企业进行装配式建造技术交流时，贵企业话语权很强					
同行中有很多企业学习借鉴贵企业的装配式建造技术经验					
4. 外部环境					
4.1 政策环境					
及时获取装配式建筑政策促使贵企业采纳装配式建造技术					
装配式建筑的强制性政策促使贵企业采纳装配式建造技术					
装配式建筑的鼓励性政策促使贵企业采纳装配式建造技术					
政府扶持力度大促使贵企业采纳装配式建造技术					
4.2 市场环境					
4.2.1 企业间协同关系					
与其他企业的合作关系促使贵企业采纳装配式建造技术					
与其他企业的竞争关系促使贵企业采纳装配式建造技术					
与其他企业紧密性合作促使贵企业采纳装配式建造技术					
与其他企业长时间合作促使贵企业采纳装配式建造技术					

续表

题项/打分	1	2	3	4	5
与其他企业高质量合作促使贵企业采纳装配式建造技术					
可合作企业数量多促使贵企业采纳装配式建造技术					

4.2.2 中介参与

与中介机构合作研发促使贵企业采纳装配式建造技术					
可合作中介机构数量多促使贵企业采纳装配式建造技术					
中介机构提供技术信息支持促使贵企业采纳装配式建造技术					
中介机构是贵企业采纳实施装配式建造技术不可或缺的伙伴					

4.2.3 消费者影响

公众消费能力高促使贵企业采纳装配式建造技术					
公众消费意愿强促使贵企业采纳装配式建造技术					
公众对装配式建筑认知促使贵企业采纳装配式建造技术					

调研结束！

再次感谢您的参与！同时欢迎各位专家对研究内容提出宝贵意见！

参 考 文 献

[1] Sengers F，Wieczorek A J，Raven R. Experimenting for Sustainability Transitions：A Systematic Literature Review [J]. Technological Forecasting and Social Change，2019，145：153-164.

[2] 叶明. 发展新型建造方式是新时代发展的新要求 [J]. 住宅产业，2019，219(Z1)：16-18.

[3] 文林峰. 装配式建筑——建筑业转型发展的重要载体 [J]. 建筑，2018，868(20)：19-21.

[4] Nasirian A，Arashpour M，Abbasi B，et al. Optimal Work Assignment to Multiskilled Resources in Prefabricated Construction [J]. Journal of Construction Engineering and Management，2019，145(4)：04019011.

[5] Li C Z，Xu X，Shen G Q，et al. A Model for Simulating Schedule Risks in Prefabrication Housing Production：A Case Study of Six-day Cycle Assembly Activities in Hong Kong [J]. Journal of Cleaner Production，2018，185：366-381.

[6] Zhu H，Hong J K，Shen G Q，et al. The Exploration of the Life Cycle Energy Saving Potential for Using Prefabrication in Residential Buildings in China [J]. Energy and Buildings，2018，166：561-570.

[7] Teng Y，Li K J，Pan W，et al. Reducing Building Life Cycle Carbon Emissions through Prefabrication：Evidence from and Gaps in Empirical Studies [J]. Building and Environment，2018，132：125-136.

[8] Rausch C，Nahangi M，Haas C，et al. Monte Carlo Simulation for Tolerance Analysis in Prefabrication and Offsite Construction [J]. Automation in Construction，2019，103：300-314.

[9] Jaillon L，Poon C S. Life Cycle Design and Prefabrication in Buildings：A Review and Case Studies in Hong Kong [J]. Automation in Construction，2014，39：195-202.

[10] 王广明，刘美霞. 装配式混凝土建筑综合效益实证分析研究 [J]. 建筑结构，2017(10)：37-43.

[11] 王广明，文林峰，刘美霞，等. 装配式混凝土建筑增量成本与节能减排效益分析及政策建议 [J]. 建设科技，2018(16)：141-146.

[12] 赵丽坤，张綦斌，纪颖波等. 中国装配式建筑产业区域发展水平评价 [J]. 土木工程与管理学报，2019，36(1)：59-65.

［13］ 何璇. 产业集群技术扩散机制存在的问题及对策 ［J］. 经济问题，2008(6)：117-119.

［14］ 曹兴，柴张琦. 技术扩散的过程与模型：一个文献综述 ［J］. 中南大学学报（社会科学版），2013，19(4)：14-22.

［15］ 许慧敏，王琳琳. 技术创新扩散系统的动力机制研究 ［J］. 科学学研究，2006，24(S1)：291-294.

［16］ Rogers E M. Diffusion of Innovations：Modifications of a Model for Telecommunications ［J］. Die Diffusion von Innovationen in der Telekommunikation，1995，17：25-38.

［17］ Chen Y，Ding S，Zheng H D，et al. Exploring Diffusion Strategies for mHealth Promotion Using Evolutionary Game Model ［J］. Applied Mathematics & Computation，2018，336：148-161.

［18］ 谢识予. 经济博弈论 ［M］. 第四版. 上海：复旦大学出版社，1997：79-96.

［19］ 张巍，党兴华. 企业网络权力与网络能力关联性研究——基于技术创新网络的分析 ［J］. 科学学研究，2011，29(7)：1094-1101.

［20］ Costa L D，Oliveira O N，Travieso G，et al. Analyzing and Modeling Real-World Phenomena with Complex Networks：A Survey of Applications ［J］. Advances in Physics，2011，60(3)：329-412.

［21］ Wang Y C，Wang S S，Deng Y. A Modified Efficiency Centrality to Identify Influential Nodes in Weighted Networks ［J］. Pramana-Journal of Physics，2019，92(4)：92：68.

［22］ Chen G F，Xu C，Wang J Y，et al. Graph Regularization Weighted Nonnegative Matrix Factorization for Link Prediction in Weighted Complex Network ［J］. Neurocomputing，2019，369：50-60.

［23］ Hosseini M R，Martek I，Zavadskas E K，et al. Critical Evaluation of Off-Site Construction Research：A Scientometric Analysis ［J］. Automation in Construction，2018，87：235-247.

［24］ Li Z D，Shen G Q P，Xue X L. Critical Review of the Research on the Management of prefabricated Construction ［J］. Habitat International，2014，43：240-249.

［25］ Cao D P，Li H，Wang G B，et al. Linking the Motivations and Practices of Design Organizations to Implement Building Information Modeling in Construction Projects：Empirical Study in China ［J］. Journal of Management in Engineering，2016，32（6）：04016013.

［26］ 唐晓灵，易小海. BIM 技术在建筑业企业中的扩散趋势研究？［J］. 施工技术，2016，45(18)：25-28.

［27］ 叶浩文. 装配式建筑"三个一体化"建造方式 ［J］. 建筑，2017(8)：21-23.

［28］ 齐宝库，王丹，白庶等. 预制装配式建筑施工常见质量问题与防范措施 ［J］. 建筑经济，2016(5)：28-30.

［29］ 刘敬爱. 装配式建筑部品（构件）生产质量风险管理研究——以济南为例 ［J］. 建筑经

济，2016(11)：114-117.

[30] Lei Z，Taghaddos H，Olearczyk J，et al. Automated Method for Checking Crane Paths for Heavy Lifts in Industrial Projects [J]. Journal of Construction Engineering and Management，2013，139(10)：4013011.

[31] Lei Z，Han S，Bouferguene A，et al. Algorithm for Mobile Crane Walking Path Planning in Congested Industrial Plants [J]. Journal of Construction Engineering and Management，2015，141(2)：05014016.

[32] Prata B D，Pitombeira-Neto A R，Sales C J D. An Integer Linear Programming Model for the Multiperiod Production Planning of Precast Concrete Beams [J]. Journal of Construction Engineering and Management，2015，141(10)：04015029.

[33] Chen Y，Okudan G E，Riley D R. Sustainable Performance Criteria for Construction Method Selection in Concrete Buildings [J]. Automation in Construction，2010，19(2)：235-244.

[34] 刘桦，卢梅，尚梅. 中国建筑业技术创新面临的问题与创新战略 [J]. 工程管理学报，2011(4)：5-9.

[35] Hong J K，Shen G Q P，Li Z D，et al. Barriers to Promoting Prefabricated Construction in China：A Cost-Benefit Analysis [J]. Journal of Cleaner Production，2018，172：649-660.

[36] Mao C，Shen Q P，Pan W，et al. Major Barriers to Off-Site Construction：The Developer's Perspective in China [J]. Journal of Management in Engineering，2015，31(3)：04014043.

[37] Koebel C T，Mccoy A P，Sanderford A R，et al. Diffusion of Green Building Technologies in New Housing Construction [J]. Energy & Buildings，2015，97：175-185.

[38] 周源. 制造范式升级期共性使能技术扩散的影响因素分析与实证研究 [J]. 中国软科学，2018(1)：19-32.

[39] 叶浩文，周冲，樊则森等. 装配式建筑一体化数字化建造的思考与应用 [J]. 工程管理学报，2017，31(5)：85-89.

[40] 约瑟夫·阿洛伊斯·熊彼特，叶华. 经济发展理论：对利润资本信贷利息和经济周期的探究 [M]. 北京：中国社会科学出版社，2007：1-20.

[41] Ryan B，Gross N C. The Diffusion of Hybrid Seed Corn in Two Iowa Communities [J]. Rural Sociology，1943，8(1)：15.

[42] P. 斯通曼. 技术变革的经济分析 [M]. 第一版. 北京：机械工业出版社，1989：75-177.

[43] Toole T M. Uncertainty and Home Builders' Adoption of Technological Innovations [J]. Journal of Construction Engineering and Management，1998，124(4)：323-332.

[44] Ryan P C，O'connor A. Comparing the Durability of Self-Compacting Concretes and

Conventionally Vibrated Concretes in Chloride Rich Environments [J]. Construction & Building Materials，2016，120：504-513.

[45] 冯凯. 论面向建筑产品的技术扩散 [J]. 工程管理学报，2004(5)：54-56.

[46] Taylor J E，Levitt R E. A New Model for Systemic Innovation Diffusion in Project-based Industries [R].

[47] Liang C，Lu W S，Rowlinson S，et al. Development of a Multifunctional BIM Maturity Model [J]. Journal of Construction Engineering and Management，2016，142(11)：06016003.

[48] 张秀武，林春鸿. 产业集群内技术创新扩散的空间展开分析及启示 [J]. 宏观经济研究，2014(11)：114-118.

[49] 王玮. 技术创新在组织内的扩散和同化研究 [J]. 现代管理科学，2005(6)：48-50.

[50] Cooper R B，Zmud R W. Information Technology Implementation Research：A Technological Diffusion Approach [J]. Management Science，1990，36(2)：123-139.

[51] Mansfield E. Technical Change and the Rate of Imitation [J]. Econometrica，1961，29(4)：741-766.

[52] 陈志祥，马士华. 供应链中的企业合作关系 [J]. 南开管理评论，2001(2)：56-59.

[53] Zhu K，Kraemer K L，Xu S. The Process of Innovation Assimilation by Firms in Different Countries：A technology Diffusion Perspective on E-Business [J]. Management Science，2006，52(10)：1557-1576.

[54] 段庆锋，潘小换. 组织间技术扩散网络对双元创新的影响研究 [J]. 研究与发展管理，2018，30(5)：31-41.

[55] 孙冰，王弘颖. 企业异质性对技术创新扩散影响分析 [J]. 技术经济与管理研究，2016，235(2)：27-31.

[56] 程水红，沈利生. 基于省际数据的中国技术空间扩散效应时空演化 [J]. 经济与管理，2018(3)：37-45.

[57] Galang R M N. Divergent Diffusion：Understanding the Interaction between Institutions，Firms，Networks and Knowledge in the International Adoption of Technology [J]. Journal of World Business，2014，49(4)：512-521.

[58] 宋海荣，董景荣，刘超. 技术创新扩散模型 [J]. 工业技术经济，2007，26(2)：46-47.

[59] Bass F M. A New Product Growth Model for Consumer Durables [J]. Management Science，1969，15(5).

[60] Fourt l A，Woodlock J W. Early Prediction of Market Success for New Grocery Products [J]. Journal of Marketing，1960，25(2)：31-38.

[61] Avagyan V，Esteban-Bravo M，Vidal-sanz J M. Licensing Radical Product Innovations to Speed Up the Diffusion [J]. European Journal of Operational Research，2014，239(2)：542-555.

[62] Xiong H，Payne D，Kinsella S. Peer Effects in the Diffusion of Innovations：Theory and Simulation [J]. Journal of Behavioral & Experimental Economics，2016，63：1-13.

[63] Reinganum J F. On the Diffusion of New Technology：A Game Theoretic Approach [J]. Review of Economic Studies，1981，48(3)：395-405.

[64] 张海，陈国宏，李美娟. 技术创新扩散的博弈 [J]. 工业技术经济，2005(8)：56-57.

[65] Siciliano M D，Yenigun D，Ertan G. Estimating Network Structure via Random Sampling：Cognitive Social Structures and the Adaptive Threshold Method [J]. Social Networks，2012，34(4)：585-600.

[66] Ward P S，Pede V O. Capturing Social Network Effects in Technology Adoption：The Spatial Diffusion of Hybrid Rice in Bangladesh [J]. Australian Journal of Agricultural & Resource Economics，2014，59(2)：225-241.

[67] Yang L，Lei S，Yi Q，et al. Diffusion of Municipal Wastewater Treatment Technologies in China：A Collaboration Network Perspective [J]. Frontiers of Environmental Science & Engineering，2017(11)：121.

[68] Babu S，Mohan U. An Integrated Approach to Evaluating Sustainability in Supply Chains Using Evolutionary Game Theory [J]. Computers & Operations Research，2018，89：269-283.

[69] Wang Q P，Sun H. Traffic Structure Optimization in Historic Districts Based on Green Transportation and Sustainable Development Concept [J]. Advances in Civil Engineering，2019：1-18.

[70] Barrat A，Barthélemy M，Vespignani A. Weighted Evolving Networks：Coupling Topology and Weight Dynamics [J]. Physical Review Letters，2004，92(22)：228701.

[71] Lu L Y，Pan L M，Zhou T，et al. Toward Link Predictability of Complex Networks [J]. Proceedings of the National Academy of Sciences of the United States of America，2015，112(8)：2325-2330.

[72] 黄菁菁. 基于协同创新模式的技术扩散路径研究 [D]. 大连理工大学，2018：19-25.

[73] 洪后其，傅家骥. 我国技术创新扩散式的选择 [J]. 中国工业经济，1991(4)：64-65.

[74] 罗桂芳，陈国宏. 国内企业技术创新扩散的模式分析 [J]. 工业技术经济，2002，21(4)：64-65.

[75] 李梓涵昕，朱桂龙，刘奥林. 中韩两国技术创新政策对比研究—政策目标、政策工具和政策执行维度 [J]. 科学学与科学技术管理，2015，36(4)：3-13.

[76] 浩华. 谈政府在技术创新扩散中的作用 [J]. 现代管理科学，2000(3)：8-9.

[77] 董景荣. 技术创新扩散的理论，方法与实践 [M]. 北京：科学出版社，2009：70-194.

[78] Mickwitz P，Hyvttinen H，Kivimaa P. The Role of Policy Instruments in the Innovation and Diffusion of Environmentally Friendlier Technologies：Popular Claims Versus Case Study Experiences [J]. Journal of Cleaner Production，2008，16(1)：S162-S170.

［79］ 徐莹莹. 制造企业低碳技术创新扩散研究［D］. 哈尔滨工程大学，2015：49-80.

［80］ Foxon T，Pearson P. Overcoming Barriers to Innovation and Diffusion of Cleaner Technologies：Some Features of a Sustainable Innovation Policy Regime［J］. Journal of Cleaner Production，2008，16(1)：S148-S161.

［81］ 王志强，张樵民，有维宝. 装配式建筑政府激励策略的演化博弈与仿真研究——基于政府补贴视角下［J］. 系统工程，2018，37(3)：155-162.

［82］ 王江. 产业技术扩散理论与实证研究［D］. 吉林大学，2010：90-101.

［83］ 朱李鸣. 我国技术扩散导引机制初步考察［J］. 科技管理研究，1988(3)：35-37.

［84］ 傅家骥. 技术创新学［M］. 北京：清华大学出版社，1999：145-150.

［85］ 李军，朱先奇，史彦虎. 加权网络视角下产业集群创新扩散机制仿真研究［J］. 重庆大学学报（社会科学版），2017，23(6)：13-20.

［86］ 陶琳玲. 动态社会网络中的行为扩散机制研究［D］. 南京理工大学，2016：21-32.

［87］ 李平. 国际技术扩散对发展中国家技术进步的影响：机制，效果及对策分析［M］. 第一版. 三联书店，2007.

［88］ Papazoglou M E，Spanos Y E. Bridging Distant Technological Domains：A Longitudinal Study of the Determinants of Breadth of Innovation Diffusion［J］. Research Policy，2018，47(9)：1713-1728.

［89］ Fischer E，Qaim M. Linking Smallholders to Markets：Determinants and Impacts of Farmer Collective Action in Kenya［J］. World Development，2012，40（6）：1255-1268.

［90］ Galang R M N. Government Efficiency and International Technology Adoption：The Spread of Electronic Ticketing Among Airlines［J］. Journal of International Business Studies，2012，43(7)：631-654.

［91］ 纪颖波，姚福义. 我国建筑工业化协同创新机制研究［J］. 建筑经济，2017(4)：9-12.

［92］ 孙一赫. 基于无线射频识别技术的施工物料管理方法研究［D］. 哈尔滨工业大学，2015：44-55.

［93］ 杨洁. 房地产企业装配式建筑技术采纳行为影响机制研究［D］. 中国矿业大学，2018：23-76.

［94］ 秦旋，吕坤灿，王敏. 基于市场推广视角的 BIM 技术采纳障碍因素中意对比研究［J］. 管理学报，2016，13(11)：1718-1727.

［95］ 李书全，陈琳. 基于 MA-SVM 的建筑企业精益建设技术采纳决策研究［J］. 科技管理研究，2014(21)：206-204.

［96］ Kim M K，Wang Q，Park J W，et al. Automated Dimensional Quality Assurance of Full-Scale Precast Concrete Elements Using Laser Scanning and BIM［J］. Automation in Construction，2016，72：102-114.

［97］ Grau D，Lei Z，Yang X. Automatically Tracking Engineered Components through Shipping and Receiving Processes with Passive Identification Technologies [J]. Automation in Construction，2012，28(15)：36-44.

[98] Niknam M，Karshenas S. Integrating Distributed Sources of Information for Construction Cost Estimating Using Semantic Web and Semantic Web Service technologies [J]. Automation in Construction，2015，57：222-238.

[99] Gosak M，Markovic R，Dolensek J，et al. Network Science of Biological Systems at Different Scales：A Review [J]. Physics of Life Reviews，2018，24：118-135.

[100] Liu Y Y，Barabási A L. Control Principles of Complex Systems [J]. Reviews of Modern Physics，2016，88(3)：035006.

[101] Watts D J，Strogatz S H. Collective Dynamics of 《Small-World》 Networks [J]. Nature，1998，393(6684)：440-442.

[102] Barabási A L，Albert R. Emergence of Scaling in Random Networks [J]. Science，1999，286(5439)：509-512.

[103] 李忠富. 再论住宅产业化与建筑工业化 [J]. 建筑经济，2018(1)：5-10.

[104] Li L，Li Z F，Li X D，et al.. A New Framework of Industrialized Construction Method in China：Towards On-Site Industrialization [J]. Journal of Cleaner Production，2020：118469.

[105] 贾若愚，徐照，吴晓纯等. 区域建筑产业现代化发展水平评价研究 [J]. 建筑经济，2015(2)：22-28.

[106] 陈振基. 住宅产业化≠建筑工业化≠装配式建筑≠PC 建筑 [J]. 住宅与房地产，2017(3)：56-57.

[107] 王献忠，杨健，沙斌等. 预制装配式混凝土结构体系与关键技术的研究 [J]. 建筑施工，2017(2)：273-275.

[108] 雷妍. 装配式混凝土结构建筑标准体系适用性评价研究 [D]. 哈尔滨工业大学，2017：12-13.

[109] Dunning J H. Market Power of the Firm and International Transfer of Technology：A Historical Excursion [J]. International Journal of Industrial Organization，1983，1(4)：333-351.

[110] Sahal D. Technological Guideposts and Innovation Avenues [J]. Research Policy，1985，14(2)：61-82.

[111] 王珊珊，王宏起. 技术创新扩散的影响因素综述 [J]. 情报杂志，2012，31(6)：197-201.

[112] 理查德．L. 达夫特. 组织理论与设计 [M]. 王凤彬，石云鸣，张秀萍，刘松博等，编. 第 (12) 版. 北京：清华大学出版社，2017：10-12.

[113] Reitzig M，Sorenson O. Biases in the Selection Stage of Bottom-up Strategy Formulation [J]. Strategic Management Journal，2013，34(7)：782-799.

[114] Yoshikawa T, Tsui-Auch L S, Mcguire J. Corporate Governance Reform as Institutional Innovation: The Case of Japan [J]. Organization Science, 2007, 18(6): 973-988.

[115] Lessing J, Brege S. Industrialized Building Companies' Business Models: Multiple Case Study of Swedish and North American Companies [J]. Journal of Construction Engineering & Management, 2018, 144(2): 05017019.

[116] Rogers E M. New Product Adoption and Diffusion [J]. Journal of Consumer Research, 1976, 2(4): 290.

[117] Smith J M, Price G R. The Logic of Animal Conflict [J]. Nature, 1973(246): 15-18.

[118] Taylor P D, Jonker L B. Evolutionary Stable Strategies and Game Dynamics [J]. Mathematical Biosciences, 1978, 40(1-2): 145-156.

[119] Nowak M A, Sasaki A, Taylor C, et al. Emergence of Cooperation and Evolutionary Stability in Finite Populations [J]. Nature, 2004, 428(6983): 646.

[120] Barrat A, Barthelemy M, Vespignani A. Modeling the Evolution of Weighted Networks [J]. Physical Review E Statistical Nonlinear & Soft Matter Physics, 2004, 70(2): 66149.

[121] Barrat A, Barthelemy M, Pastor-satorras R, et al. The Architecture of Complex Weighted Networks [J]. Proceedings of the National Academy of Sciences of the United States of America, 2004, 101(11): 3747-3752.

[122] Li S G, Song X W, Lu H Y, et al. Friend Recommendation for Cross Marketing in Online Brand Community Based on Intelligent Attention Allocation Link Prediction Algorithm [J]. Expert Systems with Applications, 2020, 139: 112839.

[123] 曾伟. 推荐算法与推荐网络研究 [D]. 电子科技大学, 2015: 23-33.

[124] Zhou T, Lü L Y, Zhang Y C. Predicting Missing Links via Local Information [J]. European Physical Journal B, 2009, 71(4): 623-630.

[125] Cannistraci C V, Alanis-lobato G, Ravasi T. From Link-Prediction in Brain Connectomes and Protein Interactomes to the Local-Community-Paradigm in Complex Networks [J]. Scientific Reports, 2013, 3(4): 1613.

[126] Kumar R, Indrayan A. Receiver Operating Characteristic (ROC) Curve for Medical Researchers [J]. Indian Pediatrics, 2011, 48(4): 277-287.

[127] Lü L Y, Zhou T. Link Prediction in Complex Networks: A Survey [J]. Physica A: Statistical Mechanics and its Applications, 2011, 390(6): 1150-1170.

[128] Medo M, Zhou T, Ren J, et al. Bipartite Network Projection and Personal Recommendation [J]. Physical Review E Statistical Nonlinear & Soft Matter Physics, 2007, 76(2): 46115.

[129] Abramovsky L, Simpson H. Geographic proximity and firm-university innovation linkages: evidence from Great Britain [J]. Journal of Economic Geography, 2011, 11(6):

949-977.

[130]   Dacin M T, Goodstein J, Scott W R. Institutional Theory and Institutional Change: Introduction to the Special Research Forum [J]. Academy of Management Journal, 2002, 45(1): 43-56.

[131]   Jiang R, Mao C, Hou L, et al. A SWOT Analysis for Promoting Off-site Construction under the Backdrop of China's New Urbanisation [J]. Journal of Cleaner Production, 2018, 173: 225-234.

[132]   徐可, 何桢, 王瑞. 技术创新网络的知识权力、结构权力对网络惯例影响 [J]. 管理科学, 2014(5): 24-34.

[133]   Beck R, Beimborn D, Weitzel T, et al. Network Effects as Drivers of Individual Technology Adoption: Analyzing Adoption and Diffusion of Mobile Communication Services [J]. Information Systems Frontiers, 2008, 10(4): 415-429.

[134]   Gibbons D E. Interorganizational Network Structures and Diffusion of Information Through a Health System [J]. American Journal of Public Health, 2007, 97(9): 1684-1692.

[135]   Said H. Modeling and Likelihood Prediction of Prefabrication Feasibility for Electrical Construction Firms [J]. Journal of Construction Engineering and Management, 2016, 142(2): 04015071.

[136]   Gordon M B, Laguna M F, Gonçalves S, et al. Adoption of Innovations with Contrarian Agents and Repentance [J]. Physica A Statistical Mechanics & Its Applications, 2017, 486(15): 192-205.

[137]   Nieto M J, Santamaría L. The Importance of Diverse Collaborative Networks for the Novelty of Product Innovation [J]. Technovation, 2007, 27(6): 367-377.

[138]   Schmidt G M, Druehl C T. Changes in Product Attributes and Costs as Drivers of New Product Diffusion and Substitution [J]. Production & Operations Management, 2005, 14(3): 272-285.

[139]   Kale S, Arditi D. Innovation Diffusion Modeling in the Construction Industry [J]. Journal of Construction Engineering and Management, 2010, 136(3): 329-340.

[140]   Dimaggio P J, Powell W W. The Iron Cage Revisited: Institutional Isomorphism and Collective Rationality in Organizational Fields [J]. American Sociological Review, 1983, 48(2): 147-160.

[141]   Chu Z F, Xu J H, Lai F J, et al. Institutional Theory and Environmental Pressures: The Moderating Effect of Market Uncertainty on Innovation and Firm Performance [J]. IEEE Transactions on Engineering Management, 2018, PP(99): 1-12.

[142]   Brown J A E. Network Power: The Social Dynamics of Globalization [J]. International Journal of Communication, 2010, 4: 1139-1141.

[143] Sih A，Hanser S F，Mchugh K A. Social Network Theory：New Insights and Issues for Behavioral Ecologists [J]. Behavioral Ecology & Sociobiology，2009，63(7)：975-988.

[144] March J G. Exploration and Exploitation in Organizational Learning [J]. Organization Science，1991，2(1)：71-87.

[145] 韩莹，陈国宏. 集群企业网络权力与创新绩效关系研究——基于双元式知识共享行为的中介作用 [J]. 管理学报，2016，13(6)：855-862.

[146] 孙国强，吉迎东，张宝建等. 网络结构、网络权力与合作行为——基于世界旅游小姐大赛支持网络的微观证据 [J]. 南开管理评论，2016，19(1)：43-53.

[147] Boh W F，Huang C，Wu A. Investor Experience and Innovation Performance：The Mediating Role of External Cooperation [J]. Strategic Management Journal，2019.

[148] 谢永平，韦联达，邵理辰. 核心企业网络权力对创新网络成员行为影响 [J]. 工业工程与管理，2014(3)：72-78.

[149] Mohaghegh Z，Kazemi R，Mosleh A. Incorporating Organizational Factors into Probabilistic Risk Assessment (PRA) of Complex Socio-Technical Systems：A Hybrid Technique Formalization [J]. Reliability Engineering & System Safety，2015，94(5)：1000-1018.

[150] Said H，Bartusiak J. Regional Competition Analysis of Industrialized Homebuilding Industry [J]. Journal of Construction Engineering and Management，2018，144 (2)：04017108-1-10.

[151] Schuh G，Sauer A，Doering S. Managing Complexity in Industrial Collaborations [J]. International Journal of Production Research，2008，46(9)：2485-2498.

[152] Oppenheim A N. Questionnaire Design，Interviewing and Attitude Measurement [J]. Journal of Marketing Research，2000，30(3)：393.

[153] Hanna D，Eva C，Levente K，et al. Use of the 9-item Shared Decision Making Questionnaire (SDM-Q-9 and SDM-Q-Doc) in Intervention Studies—A Systematic Review [J]. Plos One，2017，12(3)：0173904.

[154] Gómez-soberón J M，Gómez-soberón M C，Corral-higuera R，et al. Calibrating Questionnaires by Psychometric Analysis to Evaluate Knowledge [J]. SAGE Open，2013，3(3)：2158244013499159.

[155] Medineckiene M，Turskis Z，Zavadskas E K. Sustainable Construction Taking into Account the Building Impact on the Environment [J]. Journal of Environmental Engineering and Landscape Management，2010，18(2)：118-127.

[156] Jaffe A B，Newell R G，Stavins R N. A Tale of Two Market Failures：Technology and Environmental Policy [J]. Ecological Economics，2004，54(2)：164-174.

[157] Leiponen A. Control of Intellectual Assets in Client Relationships：Implications for Innovation [J]. Strategic Management Journal，2008，29(13)：1371-1394.

[158] Bagozzi R P, Yi Y. Specification, Evaluation, and Interpretation of Structural Equation Models [J]. Journal of the Academy of Marketing Science, 2012, 40(1): 8-34.

[159] Lin H, Zeng s X, Liu H J, et al. How Do Intermediaries Drive Corporate Innovation? A Moderated Mediating Examination [J]. Journal of Business Research, 2016, 69 (11): 4831-4836.

[160] SHEN X L, CHEUNG C M K, LEE M K O. Perceived Critical Mass and Collective Intention in Social Media-Supported Small Group Communication [J]. International Journal of Information Management, 2013, 33(5): 707-715.

[161] Eby L T, Dobbins G H. Collectivistic Orientation in Teams: an Individual and Group-Level Analysis [J]. Journal of Organizational Behavior, 1997, 18(3): 275-295.

[162] 周浩, 龙立荣. 共同方法偏差的统计检验与控制方法 [J]. 心理科学进展, 2004, 12 (6): 942.

[163] 温忠麟, 吴艳. 潜变量交互效应建模方法演变与简化 [J]. 心理科学进展, 2010(8): 110-117.

[164] Vega W A, Wallace S P. Affordable Housing: A Key Lever to Community Health for Older Americans [J]. American Journal of Public Health, 2016, 106(4): 635.

[165] Dubey R, Gunasekaran A, Childe S J, et al. Supplier Relationship Management for Circular Economy Influence of External Pressures and Top Management Commitment [J]. Management Decision, 2019, 57(4): 767-790.

[166] Hayes A F. Introduction to Mediation, Moderation, and Conditional Process Analysis: A Regression-Based Approach [M]. 第二版. Guildford: The Guilford Press, 2014.

[167] Wen Z, Marsh H W, Hau K T. Structural Equation Models of Latent Interactions: An Appropriate Standardized Solution and Its Scale-Free Properties [J]. Structural Equation Modeling A Multidisciplinary Journal, 2010, 17(1): 1-22.

[168] Muller D, Judd C M, Yzerbyt V Y. When Moderation is Mediated and Mediation is Moderated [J]. Journal of Personality and Social Psychology, 2005, 89(6): 852-863.

[169] Preacher K J, Hayes A F. Asymptotic and Resampling Strategies for Assessing and Comparing Indirect Effects in Multiple Mediator Models [J]. Behavior Research Methods, 2008, 40(3): 879-891.

[170] Muller A, Kolk A. Extrinsic and Intrinsic Drivers of Corporate Social Performance: Evidence from Foreign and Domestic Firms in Mexico [J]. Journal of Management Studies, 2010, 47(1): 1-26.

[171] Gil R, Ruzzier C A. The Impact of Competition on 'Make-or-Buy' Decisions: Evidence from the Spanish Local TV Industry [J]. Management Science, 2018, 64(3): 1121-1135.

[172] Yang S A, Birge J R, Parker R P. The Supply Chain Effects of Bankruptcy [J].

Management Science，2015，61(10)：2320-2338.

[173] Flynn L R，Goldsmith R E，Eastman J K. Opinion Leaders and Opinion Seekers：Two New Measurement Scales [J]. Journal of the Academy of Marketing Science，1996，24(2)：137.

[174] Radhakrishnan S，Tsang A，Liu R B. A Corporate Social Responsibility Framework for Accounting Research [J]. International Journal of Accounting，2018，53(4)：274-294.

[175] 刘凤军，李敬强，李辉. 企业社会责任与品牌影响力关系的实证研究 [J]. 中国软科学，2012(1)：116-132.

[176] 齐宝库，张阳. 装配式建筑发展瓶颈与对策研究 [J]. 沈阳建筑大学学报：社会科学版，2015(2)：156-159.

[177] 申金山，华元璞，袁鸣. 装配式建筑精益成本管理研究 [J]. 建筑经济，2019，40(3)：45-49.

[178] 张艳楠，孙绍荣. 基于 Stackelberg 博弈模型的化工企业安全生产管理机制治理研究 [J]. 中国管理科学，2016，24(3)：159-168.

[179] 李昌兵，杜茂康，付德强. 基于层次粒子群算法的非线性双层规划问题求解策略 [J]. 系统工程理论与实践，2013，33(9)：2292-2298.

[180] Halat K，Hafezalkotob A. Modeling Carbon Regulation Policies in Inventory Decisions of A Multi-Stage Green Supply Chain：A Game Theory Approach [J]. Computers & Industrial Engineering，2019，128：807-830.

[181] Mafarja M M，Mirjalili S. Hybrid Whale Optimization Algorithm with Simulated Annealing for Feature Selection [J]. Neurocomputing，2017，260(18)：302-312.

[182] RAhmani-andebili M，Shen H. Price-Controlled Energy Management of Smart Homes for Maximizing Profit of a GENCO [J]. IEEE Transactions on Systems Man & Cybernetics Systems，2017(99)：1-13.

[183] Liu H，Wang Y，Tu L P，et al. A Modified Particle Swarm Optimization for Large-Scale Numerical Optimizations and Engineering Design Problems [J]. Journal of Intelligent Manufacturing，2019，30(6)：2407-2433.

[184] Tang Y X，Wang G B，Li H，et al. Dynamics of Collaborative Networks between Contractors and Subcontractors in the Construction Industry：Evidence from National Quality Award Projects in China [J]. Journal of Construction Engineering and Management，2018，144(9)：05018009-1-13.

[185] Solis F，Sinfield J V，Abraham D M. Hybrid Approach to the Study of Inter-Organization High Performance Teams [J]. Journal of Construction Engineering and Management-Asce，2013，139(4)：379-392.

[186] 黄玮强，庄新田. 复杂社会网络视角下的创新合作与创新扩散 [M]. 第一版. 北京：

中国经济出版社，2012：65-71.

[187]　徐建中，贯君，林艳. 制度压力，高管环保意识与企业绿色创新实践——基于新制度主义理论和高阶理论视角 [J]. 管理评论，2017，29(9)：72-83.

[188]　Berrone P，Fosfuri A，Gelabert L，et al. Necessity as the Mother of 'Green' Inventions：Institutional Pressures and Environmental Innovations》[J]. Strategic Management Journal，2013，34(8)：891-909.

[189]　谢永平，孙永磊，张浩淼. 资源依赖、关系治理与技术创新网络企业核心影响力形成 [J]. 管理评论，2014，26(8)：116-126.

[190]　杨博旭，王玉荣，李兴光. 多维邻近与合作创新 [J]. 科学学研究，2019，37(1)：156-166.

[191]　Yook S H，Jeong H，Barabási A L，et al. Weighted Evolving Networks [J]. Physical Review Letters，2001，86(25)：5835.

[192]　Barthélemy M，Barrat A，Pastor-Satorras R，et al. Characterization and Modeling of Weighted Networks [J]. Physica A Statistical Mechanics & Its Applications，2005，346(1-2)：34-43.

[193]　张瑞雪. 工程项目技术创新多主体协同关系研究 [D]. 哈尔滨工业大学，2016：57-61.

[194]　Dai M F，Zhang D P. A Weighted Evolving Network with Aging-Node-Deleting and Local Rearrangements of Weights [J]. International Journal of Modern Physics C，2014，25(2)：1350093.

[195]　刘国巍. PF-MF 视角下产学研合作创新网络多核型结构演化 [J]. 系统工程，2016(3)：30-37.

[196]　Zeng W，Zeng A，Shang M S，et al. Information Filtering in Sparse Online Systems：Recommendation via Semi-Local Diffusion [J]. Plos One，2013，8(11)：e79354.

[197]　Liu W P，Lü L Y. Link Prediction Based on Local Random Walk [J]. EPL (Europhysics Letters)，2010，89(5)：58007.

[198]　Zhou T，Nkuscsik Z，Liu J G，et al. Solving the Apparent Diversity-Accuracy Dilemma of Recommender Systems [J]. Proceedings of the National Academy of Sciences of the United States of America，2010，107(10)：4511-4515.

[199]　刘军. 整体网分析讲义：UCINET 软件实用指南 [M]. 第二版. 上海：格致出版社，2009：17-22.

[200]　Kogan L，Papanikolaou D，Seru A，et al. Technological Innovation，Resource Allocation，and Growth [J]. Social Science Electronic Publishing，2017，132(2)：665-712.

[201]　董晓波. 突发事件应急管控体系指挥效能评估研究 [J]. 管理评论，2017，29(2)：201-220.

[202]　杨赞，张欢，郑思齐. 自有住房家庭的住房需求弹性测定 [J]. 统计与决策，2015(14)：60-63.